兩輪江湖的真相

你的美食正在路上，我的人生也在前進，
為了更快[illegible]停息，外送員是我必須繞的路。

外送資歷三
外送趟數超
林昱

任性出版

目錄

第2章

兩輪江湖，練就智勇兼備 075

第3章

外送是江湖，真實水滸傳　151

很多人把外送員看輕為一種非技術勞動，仿佛只要會騎車、不怕日晒雨淋就可上路。殊不知這行業鉅細靡遺有各種鋩角，不僅送餐，還得邊做邊學眾生百態、人情世故。理解也尊重這個為我們生活帶來方便的移動專業，從本書開始。

社會學家、作家／李明璁

推薦序

方便的外送，背後有哪些你不知道的故事？

業鑫法律事務所主持律師　陳業鑫

「訂單內容：衛生紙一袋。送達地點：〇〇賣場地下一樓男廁第一間。」

當你坐在馬桶上，發現廁所的衛生紙用完了，身邊又沒有親朋好友可以幫忙，怎麼辦？

現代人上廁所不一定會帶衛生紙，但幾乎都會帶手機，還好有手機，你可以打開外送 App，請外送平臺即刻救援，幫你解除困境，清爽走出廁所，這時候你會覺得有外送真好。

自從智慧型手機普及後，外送平臺也跟著發展，幾乎改變了現代人的生活方式，特別是飲食文化。「饕客不出門，能吃天下食」，多虧了外送平臺的蓬勃發展，讓我們能夠方便的在家中就可以享用各種美食及飲料。尤其在新冠肺炎大流行的年代，餐廳內用有染疫風險，外送平臺的服務更顯得不可或缺。當然，騎著機車穿梭大街小巷，負責取餐、送餐的外送員大軍，是這個系統不可或缺的靈魂人物。

弄清權利義務，外送工作不是浪費生命

便利有相對的成本，但如果是以外送員的生命為代價，我想任何一個文明法治國家都不會坐視。在幾起外送員死亡的重大事故發生後，勞動部職業安全衛生署在二〇一九年十月公布「食物外送作業安全指引」，各地方政府也紛紛以自治條例方式保障外送員工作安全，規範外送平臺必須給予外送員教育訓練、制訂安全衛生工作守則、外送前車況檢查外，尚須給予外送員醫療傷害險的保障。

外送員的工作條件也逐漸成為社會大眾及各級政府重視議題，雙北市在制訂相關規範時，我因為工作關係曾經參與制訂過程，也閱讀過相關書面資料，並聆聽

了來自平臺業者及工會代表的聲音。

直到閱讀《兩輪江湖的真相》書稿，我才了解，之前對外送員工作內容知道的實在很有限。透過作者昱樹生動的筆觸，我發現要當一名稱職的外送員，其實很不容易。

首先，你要真的熱愛這種馬路上討生活的工作，就像昱樹是在外婆經營的小吃店長大的小孩，對餐飲有一份特別的情感，才有辦法在辛苦的外送工作中獲得成就感。書中對各家外送平臺的規範及報酬、獎勵結構說明十分清楚，顯示昱樹是真的有用心研究比較後，才選擇適合自己的平臺從事外送工作。這點很重要，因為如果沒有弄清楚彼此間的權利義務，容易滋生不必要的誤會甚至糾紛，只是徒然浪費生命而已。

尊重工作尊嚴，鼓勵外送員團結

昱樹強調，從事外送工作，態度、責任感比技術重要，這點我十分認同。其實外送工作創造了很多就業機會，也讓很多人在兼顧家庭生活與獲取工作收入間取得平衡點，但如果沒有正確的態度，也沒有責任感，就貿然從事外送工作，可能變成外送行業的老鼠屎，對自己、消費者及平臺形成三輸局面。

另外，昱樹提到特定餐廳的飲料蓋很容易脫落，我認為這也是餐廳經營者要重視的警訊。當餐廳決定要透過外送平臺服務客戶時，應該要把外送這個環節考慮到餐點飲料的設計中，以免影響消費者的體驗。畢竟消費者不太會記得到底是誰送餐點到家的，打開餐點發現飲料蓋脫落、內容物溢出，讓消費體驗大打折扣時，傷害的是餐廳的形象。

外送員送餐時會遇到好的消費者，也不免會遭遇奧客。雖然有人說臺灣最美的風景是人，但奧客文化也是遠近馳名。書中提到各種奧客的怪象，雖然只是少數消費者的不當行為，但我認為不應縱容這種文化，消費者並不是花錢就是大爺，應該要尊重外送員的工作尊嚴，外送員也應該團結起來將奧客列入黑名單，遏止此種歪風蔓延。

外送員的工作場域就是馬路，而臺灣的交通秩序又讓馬路有虎口之稱。我有時開車、走路也會被橫衝直撞的外送機車嚇到，外送員的車禍也時有所聞，衷心期盼外送員群體能夠遵守交通規則，多注意自身行車安全，畢竟安全才是送達餐點必須的條件，而不是一味的搶快。

外送的工作雖然自由，但也是比較缺乏人際互動的寂寞工作。昱樹向麥當勞女孩的告白並未成功，但我認為能夠寫出這樣一本精彩內容書籍的男孩，自然有適合你的百分之百女孩在某處等著你，祝福你早日找到願意坐在後座，跟你一起外送的女孩！

作者序

憑技術拚高收入，衝夢想我得繞路

我是昱樹，今年二十九歲，一個多斜槓且持續選擇人生的青年。

在我的記憶裡，從小外婆家就是做小吃店。國三考高中那年，阿母就叫我去外婆的店裡幫忙，從國三到大二，我整整在外婆家打工六年。後來外婆老了、外公也走了，經營了四十四年的老店就直接收起來，結束營業。

在小吃店做了六年，讓我對餐飲工作有種特別的愛好。外婆的店收起來後，我一直都想重起爐灶，再把店開起來，重現我們家四十年祖傳的客家美味，但一方面資金不足，另一方面沒找到適合的店面，所以，我就先去朋友介紹的餐廳打工直到當兵，當完兵後又回去轉成正職，累積資金和經驗。

通往夢想的捷徑，通常會淪為路上碎石

某天，餐廳下班後，我躺在床上滑手機，突然看到某一篇網路文章：「想提高自己的『被動收入』嗎？想更快達到『財富自由』嗎？我們有專業的團隊、專業的老師為您做最專業的分析，請加賴ＩＤ：ＸＸＸ，我們歡迎您的加入。」

這個文章內容對一個剛出社會、賺不到什麼錢的毛頭小子來說，吸引力很大，我一下子就上鉤了，孰不知因為都在工作，很少看電視新聞，不知道詐騙事件層出不窮，我已經陷入其中，是一隻「待宰的羔羊」了。等到我清醒時，已經上過五次當了，「港股投資」、「博奕遊戲」、「點數卡詐騙」……我通通都遇過，被詐騙的金額大概有八十萬元，從小存到大的紅包錢、打工收入、零用錢，幾乎歸零。

你可能會說：「去報警啊！」但我當時心想：「有用嗎？錢會回來嗎？再繼續拚命賺才是解決方法吧！」為了不讓家人知道我被騙，我選擇離開薪水只有三萬元的餐廳，另外找到一份薪水比較高的工作，是在韓式料理店做內場人員，同時又在早餐店兼職。

那段時間我每天早上五點半起床，先到早餐店工作到九點，中間沒有休息，立刻再衝去韓式料理店上班。我曾經算過，當時一天工作十六個小時，結果韓式料理店的三個月試用期都沒撐過，就把身體操壞，出現富貴手症狀。

既然拚命賺錢是為了籌足資金開店，辭掉韓式料理店的工作後，我決定跟阿母一起先微型創業，擺攤賣麵線。結果沒想到這次換阿母身體出狀況——小腦中風，而且錯過了黃金搶救時間，導致這一輩子走路都會搖搖晃晃，且容易跌倒，只做了一年多的麵線小攤不得不收攤，我只剩下早餐店的工作了。

為了顧家顧賺錢，我選擇做外送

為了趕快賺錢，又要能同時照顧隨時會發生狀況的阿母，我加入了時間彈性的外送工作，而且特別選擇只送晚餐時段，因為這個時段的訂單量比較多，花同樣的時間做外送，賺得更多、效益更大，可以留下更多的時間看顧阿母。

外送收入起初一個月只有一萬元左右，後來遇到新冠肺炎疫情爆發，外送訂單爆增，當時早餐店的工作加上外送，我一個月的收入最高可以達到六萬元以上。

雖然疫情讓外送收入變多，但來做外送員的人也變多，漸漸瓜分訂單量和收入，於是我又開始想，既然外送時會一直進出不同的餐廳，不如把每家店拍下來、寫一些評語，放在自己的臉書粉絲團上，在傳訊息給客戶時，順便貼上粉絲團的連結，供客戶上去觀看。但這個做法只實行了不到一個星期，就發現根本沒人來看，我又默默的刪掉了這個粉絲團。

不讀書才做外送？不改變越做越窮

然而某天，在電視新聞中看到有人說：「外送員？就是那些不會讀書的人才去當外送員，這行業沒出息啦，哪需要什麼技術，只要會騎摩托車就能做。」我聽完後內心很不平：什麼叫做不會念書才做外送？做外送很丟臉嗎？我們有啃老嗎？風吹雨淋，夏天熱得要命，冬天冷到手指凍僵，我們有半句怨言嗎？

這時腦中突然閃過軍中輔導長說的話：「昱樹，你寫的日記讓我很有感觸、很有感覺。如果以後寫書，我一定幫你寫推薦序。」既然六年前就有人說我有寫作能力，不如我就寫寫看吧！如果能出書，就剛剛好證明：「不是不會讀書才當外送員，而是外送員各個都身懷絕技！」

二〇二一年十月八日是我開始寫這本書的日子，我是用谷歌（Google）文件寫的，每天晚上八點下班後，就窩在電腦前面一直敲鍵盤，在二〇二一年十一月二十四日寫完。之後我將書櫃中所有的書都搬出來，翻到最後一頁版權頁，把所有出版社的信箱通通寄了一遍，直到接到大是文化吳總編的信件，約我到出版社面談，才開啟了這本書的第一步。

不可能直達終點，繞路風景好也比較快

沒接觸外送之前的我，夢想朝著開店的目標「直線」前進，還自以為是的找到可以更快、更簡單的「捷徑」，卻不知捷徑其實是死巷子。既然捷徑無法走，那我「繞路」總可以吧，而且繞路也沒什麼不好，路途中有著各式各樣沒見過的人、

事、物，**直線也許是最快速的，但多繞一點路、多花一點時間在途中停留，看看路上發生的每一樣事物，不也是會有另一種新奇嗎？**就跟外送時一樣，淹水、下班時段或路面施工造成塞車等，都會阻擋外送員原本前進的路線，但總是會有替代道路，多繞一下、請客戶多等待一會兒，最後一樣會抵達。

對於一個沒有寫過書的人來說，能夠被專業的出版社看到，就已經很高興了，現在大家看到的內容，和我一開始所寫的相差很多，中間反覆修改了很多次，但這本書，是出自於一個真實外送員的雙手跟頭腦，寫了很多自己的所見所聞，希望大家看完，會重新認識「外送」這個行業。

外送術語大集合

疊單：也稱為夾單或雙單，指同時間手中有兩張訂單要配送。

蹲點：在訂單多的店家附近固定位置等待派單。

顧路：停在馬路邊等派單，沒有固定位置。

停權：也稱為畢業，被外送公司封鎖帳號，這輩子都不能跑這家公司的外送。

餐期：上午十一點至下午一點的午餐時段，和晚上五點至八點的晚餐時段。

少餐：店家有少給餐點，與客戶訂單明細不符。

妖單：也稱為鬼單、遠單或雷單，指配送或取餐距離太遠，外送時間、距離、收入三者不成正常比例，讓外送員的收入不合理。

大單：一張訂單的配送品項太多，多到外送大小箱都放不下。

拆單：當訂單內容數量過多，店家考慮到一位外送員無法承接時，會把訂單拆成兩筆以上的單，由兩位或更多外送員來配送。

雙開：指外送員同時登入兩家外送公司的系統接單，通常車上會有兩家公司的外送箱，但也有可能只有其中一家的箱子。

契丹：是「棄單」的諧音，也稱為轉單，指外送員因為配送距離太遠，而直接拒絕不接單，或是店家因故無法出餐，請外送員拒絕這筆訂單。

水單：全部商品都是飲料，沒有乾貨的訂單。

拖餐：店家先做內用客人的餐點，導致外送的餐點一直延後出餐。

員工餐：外送員抵達後客戶不取餐，經過打電話及傳簡訊通知都無法聯絡上對方，公司系統計算已等候十分鐘，並且通報客服後，餐點就可以由外送員自行處理。

現金單：客戶拿餐點時，直接把餐費現金給外送員的訂單。

讓單飛：訂單在外送系統中一直被外送員拒絕，直到這張訂單被取消為止。

雲端廚房：沒有內用座位，只有料理餐點的廚房，餐點只能外帶，或是透過外送平臺訂餐購買。

第 1 章

外送這一行，有門道

01 綠色字母 vs. 粉紅動物，你選哪一個？

臺灣有很多家外送公司，但是一般人比較知道的，大概只有綠色字母和粉紅動物這兩家，我都暱稱它們是「小綠」和「小粉」，而且是在出現新冠肺炎疫情後，開始有在訂外送餐點，才慢慢認識這兩家外送公司。其實這兩家外送公司都是外商，小粉較早進入臺灣市場，小綠則是晚了幾年才來，各自努力經營多年後，才在國內發展起來。

完全自由和必須競爭，我選擇自由

我是在二〇一九年接觸外送行業，之所以選擇小綠，原因有兩個，第一個是當時它比較有名，所到之處都是綠底黑字的外送箱，還有每天都會看到它的廣告好幾次，所以印象很深刻。而另一家當初完全沒有做廣告，路上也不常見粉紅色的外送箱和身影，感覺小粉只是默默的徵外送員跟尋找合作店家，就完全沒有考慮它。

第二個因素是上班時間。我選擇的這一家是自由上下班制，不用排班選班、不用請假簽到，想上班就上班，不想上班就不上班，想接一張訂單之後就下線回家睡覺，也完全沒問題。而另一家是採用排班制，每一班有固定的時段，也有公司人員負責每

▲ 作者選擇的外送公司是自由上下班制，適合不喜歡被管何時上班、何時才能休假的人。

個區域的排班狀況。小粉會依據客戶給外送員的評價排名，排名前面的可以優先選取時段，新進的外送員因為還沒有累積到評價，所以能選擇的班別就會比較少。

我的個性就是不喜歡被人管著何時上班、何時才能休假，也不喜歡跟別人競爭排名、爭取上班時段，再加上當時找工作的最重要條件，是賺錢的同時也順便照顧家人，小綠時間彈性、非常自由的特質，比較符合我的需求。

外送兩大咖，各自適合不同性格

臺灣最近幾年出現過很多家外送公司，除了小綠和小粉之外，還有臺灣本土的紅色 foodomo 和藍色「有無外送」、來自香港的橘色 Lalamove、新加坡的黃色 honestbee（誠實蜜蜂）、英國的藍綠色戶戶送（deliveroo）……但其中好幾家來不及等到外送餐點的市場蓬勃起來，就已經結束臺灣的營運了。

現在綠色和粉紅色的外送箱幾乎無人不知、無人不曉，新冠肺炎可以說是最好的推手。一方面，疫情讓大家無法外出用餐，必須依賴外送把餐點直接送到家門口，另一方面外送公司也強調，外送服務可以讓大家減少接觸機會，降低被傳染的風險，現在完全沒用外送平臺訂過餐點的人，大概少之又少。

另外，很多因疫情而失業、瞬間少了經濟來源的人，紛紛投入這個當時正火熱發展的新行業，因為只需要已經成年、沒有前科就可以加入，一時之間街上到處可以看到外送員穿梭，有時一個路口就可以看到好幾輛載著外送箱的機車，這也是外送行業快速打開知名度的原因。

現在臺灣以小綠和小粉是最常見的兩家外送公司，但是公司對於外送員的管理很不一樣，薪資的計算方式也差很多，很難說哪家比較好、哪家比較不好，因為它們各自適合不同性格的外送員，所以兩家都有做得開心、賺得也開心的夥伴，也有抱怨連連的夥伴，想要加入外送員的行列，建議先充分了解各家的制度和做法再決定。

02

外送薪資算給你看，月入六萬要很拚

大家在外送平臺上訂餐點時，一定都會看一下這家店的外送費用是多少，然後以為這些錢就是我們外送員的收入。其實外送的薪水有很多項目，而且公司會隨時調整計算方式，所以就連外送員自己都常覺得：「我的薪水不是我的薪水」。

二〇二一年五月是臺灣新冠疫情大爆發的月分，也是一個外送收入的分水嶺。在這之前，我跑的那家外送公司，一張訂單的基本收入落在六十元上下。我曾經一張訂單的最高收入紀錄是，基本單價＋雨天獎勵＋趟數獎勵＋熱點加價＋浮動加成，總共收到一百元。薪水數字落落長、走路有風、媒體報導、眾人羨慕的，就是這個時期。

疫情爆發後，很快就升到三級警戒，全臺灣的餐廳都禁止內用，外送一下子變得很重要，訂單爆增。但也一瞬間到處都是失業、需要領救濟紓困的人，很多人便來加入外送的行列。外送員變多，有些公司就開始調整薪資算法，讓很多外送員，包括我，都快提不起勁來接單。

有天姊姊放假在家看電視，我也在旁邊邊看邊等系統派單，她看我聽到手機響有訂單來，只看了一眼就按掉拒絕，過沒多久又拒絕一單，之後的每一單通通拒絕。她忍不住問我：「小胖，你變了，以前你每一單都會接。」我說：「以前每一單的錢都很多，距離越遠的錢越多。現在每張單的錢都很少，還越遠越賠錢。」姊姊一臉疑惑的看著我，等我慢慢解釋。（本書提及薪資計算，若以作者自身經驗為例，或取自網路資料，皆以截至二〇二二年六月三十日的資料為基準。特別提醒，每家公司皆會根據營運狀況及環境變化，隨時調整獎勵及薪資結構。）

基本單價：一張單的最低收入

外送員的薪水分為基本單價、雨天獎勵、地區加成、趟數獎勵、熱點加價、浮動加成等項目，其中**基本單價是以外送距離計算**，兩公里以內的都有基本薪資二十元，兩公里以上、三公里以下的是三十元至四十元，三公里以上、四公里以下的是四十元至五十元，以此類推。**距離越遠的看起來賺越多，但其實越不划算，因為消耗的油錢和時間也越多**。

基本單價並不是固定不變的，公司也會看狀況調整算法，我曾經遇過送一張單只收到三十二元，但是我從收入明細裡算不出來這個金額。

加成獎勵名目多，可惜看得到、吃不到？

雨天獎勵是遇到下雨天時會再額外給的獎金，一定有人問怎樣算是雨天？雨勢多大才會給？毛毛雨、細雨也算嗎？答案是一切**由公司認定為準**。有雨天獎勵時，接單系統會出現像是「2022/04/19（二）11:00-13:00 獎勵發放，北北基地區每趟加碼15元」這樣的訊息，加碼的金額會在十五元至二十五元之間不等。但我也遇過雨天沒有加成的情形，不知道是不是因為天氣變化太快，公司無法判斷是否該給予獎勵。

地區加成是公司對於一些**比較偏遠的區域**，**有提供額外的獎金**，鼓勵外送員們多接這些距離比較遠的訂單，就是送一張單除了基本單價之外，會再多一筆獎金。目前有加發獎金的區域包括新北市的林口、八里、瑞芳、七堵、暖暖、深坑等，只要店家在這些區域，不管客戶在哪裡，每完成一張訂單，就會加發三十元至六十元不等。

這個加成方式，公司想的是要吸引大家離開自己熟悉的範圍，去那些外送員不夠多的區域。但是對很多夥伴來說，跑自己熟悉的地方效益才高，越不熟悉的區域會越花時間找路，而且單量也沒有比較多。

地區加成有限定時間，也有限額，公司最多只加發十五趟，超過的就不再加發獎金，至於趟數累計的起始日和截止日怎麼算，也是以系統顯示的日期為準。

另外還有**趟數獎勵**，**達到指定趟數就會加發獎金**，完成目標會階梯式的增加。舉例來說，假設這週的獎勵目標是，週一凌晨四點開始，至週五凌晨兩點為止完成十五趟，週五凌晨兩點開始，至隔週週一凌晨四點為止完成三十趟，只要系統認定外送員有潛力達成更多趟數，下一週的目標會直接分別提升為四十趟及三十五趟。獎勵金額也是階梯式的增加，第一階三百元、第二階五百元左右，但是目標也會越來越難達成。

還有**時間**、**區域都不固定的浮動加成**和**熱點加價**，因為是不定時出現，所以都是以系統有出現加成符號為準，浮動加成是基本單價再加一．一%到一．七%，熱點加成是直接加發五元至二十五元不等。

在這些加成之外，北北基、桃園、新竹、苗栗、臺中、彰化、南投這些地區，偶爾還會出現「超限時、超隨機」的**九**、**六**、**九趟數獎勵**，例如週三的上午十點到晚上十點，在這十二小時內達成指定趟數，就會加發獎金。

這樣的獎勵，**可能出現在任何一天**，而且**時間區間不固定**，可能是上午十點到晚上十點的十二小時內，也可能是下午兩點到凌晨十二點的十個小時。完成目標也是階梯式的增加，第一階是九趟、第二階六趟、第三階九趟，每一階的獎金從八十元到兩百五十元不等。

舉例來說，假設三個階段的獎金分別是一百二十元、八十元、兩百元，若是在時限內完成二十四趟（九加六加九等於二十四），就能拿到四百元獎金（一百二十加八十加兩百等於四百）。

另外值得一提的是，平日的中午時段有一個**「九趟」獎勵**，計算的區間是**上午十點三十分到下午一點三十分，累計達到九趟**的話，就會有獎勵金。但三個小時內要送完九張訂單，很多夥伴都覺得不容易，所以很多外送員會「卡八趟」，就是在接近下午一點半的時候只完成八張單，經常會在這時間看到很多「卡八司機」（防毒軟體名稱的諧音）在路上跑。

薪水獎金隨時會改

如果用現在的這些基本單價和獎勵，想做到那些新聞說的月入六萬元，真的要非常拚。那段超高薪的日子只在疫情高峰期間，疫情趨緩後，每張訂單的基本單價大砍，原本一單的基本單價是五十元起跳，現在只剩三十四元，甚至還看過二十四元起跳的。

各種獎勵雖然照舊，但是像熱點加價的範圍變小，原本雙北的蛋白區也有加價，現在只剩臺北市中心蛋黃區才有；趟數獎勵原本連雙北的鬧區都有，現在只剩偏遠郊區才給。

剩下的雨天獎勵、浮動加成這些，表面看起來是照樣維持，但是因為外送員暴增，已經不需要誘因把大家拉出來送餐，而且公司要減少人力成本開銷，所以出現的機會也降低很多。

不過這些還不是改變薪資的最主要因素，影響最大的是，疊單的價格只計算一半。舉例來說，假設第一單的收入是四十五元，第二單的收入是五十元，原本兩張單加起來可以拿到九十五元，現在只剩七十元（第二單以半價計算，只有二十五元）。所以我幾乎都不疊單，一單一單的送，更嚴格的計算距離跟價格和油耗的關係。

不同外送平臺，薪水算法不同

另外一家小粉的薪水算法就比較單純，基本單價是二十元、熱點加成十至二十二元不等，距離加成是以一．五公里為基本，超過一百公尺就加一元。另外因為他們有制服，如果有穿制服會多加五元，遇到客戶給五顆星評價，會再多加五元，所以如果乖乖穿制服送單，一張單至少可以收到四十元左右，看起來比較少，但等於保障每張訂單都有這麼多的收入。

另外，他們也有趟數獎勵，算法是以三天為一期，在一期的時間裡達到一定的趟數，就會有額外的獎金，例如達到四十五趟的獎金是一百五十元、九十趟的獎金是四百五十元、一百二十趟的獎金是一千兩百元等。

這是目前兩家公司的薪水算法，合不合理見仁見智，有些夥伴會被激勵而努力接單衝獎金，但也有不少夥伴覺得，設了一堆獎勵方法，但是算法複雜又隨時會變，讓只能靠外送養家活口的人更不易生存。

當工作時間加長，但賺的仍然不夠開銷，撐不下去的人就只能改行，或許還有一線生機可以找回支撐我們生活的金錢。

TIPS 月入 6 萬元要多拚？

小綠的收入計算：

一天跑 14 小時；平均一小時跑 3.5 單；

平均一單收入 44 元；一個月跑 28 天（月休 2 天）

一個月收入可達 60,368 元

14×3.5×44×28 = 60,368

小粉的收入計算：

一天跑 10 小時；平均一小時跑 4.5 單；

平均一單收入 67 元；一個月跑 20 天（月休 10 天）

一個月收入可達 60,300 元

10×4.5×67×20 = 60,300

註：以上平均單價已包含各種獎勵加成。

▶ 不同公司的薪資算法不同，相同的是，想要月入 6 萬元要很拚。

趟數獎勵：

全臺各地都有的獎金，達到指定趟數就會加發獎勵，完成目標及獎金都是階梯式增加。

浮動加成：

依公司設定區域為準，基本單價加計 1.1%～1.7%。

雨天獎勵：

依公司發送訊息為準，不是有下雨就有獎勵，每筆訂單加發 15 元～25 元不等。

9 趟獎勵：

平日上午 10 點 30 分～下午 1 點 30 分，累計達到 9 趟有 100 元～150 元的獎勵金。

特別提醒：

獎勵計算會隨時變更，以公司官方公布為準。

TIPS　小綠的外送收入有哪些？

基本單價：

以外送距離計算，2 公里以內 20 元，2 公里～ 3 公里為 30 元～ 40 元，3 公里～ 4 公里為 40 元～ 50 元，以此類推。

熱點加價：

依公司設定區域為準，每單加發 5 元～ 25 元不等。

地區加成：

店家在新北市的林口、八里、瑞芳、七堵、暖暖、深坑等區域，每筆訂單加發 30 元～ 60 元。

969 趟數獎勵：

北北基、桃園、新竹、苗栗、臺中、彰化、南投才有的趟數獎勵，達到指定趟數就會加發獎金。出現日期及時間區間都不固定，完成目標也是階梯式增加，每一階的獎金從 80 元～ 250 元不等。

03

外送接單像闖關，客戶地址最後才揭曉

很多人以為外送員接單，是接到訂單就可以知道客戶地址，如果發現客戶是在公寓或百貨公司裡，不想花力氣爬樓梯，或浪費時間停車跑進跑出，就可以直接棄單，**我要澄清：沒有這回事**。

小綠的系統上，接訂單的程序其實是一關一關的，第一關是收到派單，這時只會看到店家的地址，和外送員到店家再到客戶處的總距離，點白色區塊就是接單，表示這張訂單是你的了，進入第二關。

第二關會出現餐點細項，這時若選擇繼續外送這張訂單，就前往店家取餐。如果衡量餐點細項後不想送了，還來得及拒絕。有時候會在去取餐的途中又派來一筆訂單，可以選擇要不要接，接起來就是疊單了。

跟店家拿到餐點之後，再滑開「開始外送」就到了第三關，會出現客戶的地址，**這時就「絕對、絕對、絕對」不能把商品退還給店家**，也就是拒絕送餐，不管距離是遠是近，都只有把餐點送到客戶處這一條路。

最後抵達客戶位置、交付餐點、拍攝照片，在系統上回覆「已送達」，就結束這一筆訂單的配送了。大概再過一、兩分鐘後，就會收到此趟配送金額的通知，如果想知道這一單的收入細節，就再進入費用明細功能，外送距離、時間、各種加成金額，會全部一次顯示出來。

接單後唯一可以拒絕送餐的情況，是只有抵達客戶處後發現找不到客戶的時候，**外送員必須等候超過十分鐘，而且打過兩通電話都聯絡不到人**，就可以把問題提報給客服，等客服回覆已取消訂單，外送員再在自己手機上按「已完成配送」，這筆訂單就算完成，公司會計算這單的金額給外送員。這時餐點已經在外送員手中，就變成了「員工餐」，可以自行處理。

違規拒單很霸氣，下場就是停權

很多人以為外送員可以在看到客戶地址之後拒絕訂單，這是絕對不可以發生的大忌，要拒絕必須在還沒取餐之前就拒絕，一旦跟店家拿了餐點，在系統上點了「開始配送」，就無法回頭。

曾經有外送員進入第三關之後，發現他要從板橋送到新莊再回到板橋，嫌太遠，就把餐點還給店家說「我不送」，人就騎車走了，留下店家傻眼。這樣拒單的下場應該會被停權，一方面是他違反規定，另一方面公司也會從外送員的定位知道，他根本沒有到客戶那，根本不符合因為聯絡不到客戶而取消訂單的條件。

另外還有隱藏的備註關卡，就是客戶給外送員的「備註」，在接單、取餐時是都看不到的，要到第三關才會和客戶地址一起出現，如果看到客戶的備註想要拒單，也一樣來不及了。

有些客戶會在備註裡寫像是：「此單為五樓公寓，請無法爬樓梯的外送員不要接此單，謝謝！」這樣的內容，雖然是好心提醒外送員，但其實我們看到備註時，已經不能拒單了，只能硬著頭皮送單。如果真有特殊情況需要提醒，建議在一開始就傳訊息給外送員，這樣我們才來得及選擇和應變。

小粉的接單系統就不用闖關了，系統派單時，會直接顯示客戶地址和給外送員的備註，全部一目瞭然。但如果以為這樣就可以拒絕距離太遠或不想爬樓梯的單，那就錯了，因為公司會計算外送員拒單和讓單飛的次數，如果超過額度就會影響到獎金，所以小粉的夥伴通常不會輕易拒單。

店家無法取消訂單，期待系統可以更人性

小綠的系統曾發生過讓店家和外送員不知怎麼處理的例子。我曾經救過一個卡關的麵包店，那是當晚的最後一張訂單，我剛踏進店裡，店家就跟我說：「不好意思，這單已經取消了。」我滿臉疑惑，心想才剛到，店家就取消，難道我手機壞掉漏接通知？店家補充解釋，是因為客戶要的麵包已經賣光了，所以請客戶取消訂單，但是客戶說系統裡沒有看到可以取消的地方，問我能不能幫他們處理。

我當時心想，我只是個外送員而已，適合出手救援店家嗎？猶豫了一下之後，我還是跟店家說，再打一次電話給客戶，請對方直接跟客服聯絡取消訂單，然後借來店家的平板，看看能不能聯絡到客服。但我在系統裡東點西點加重開機，一直沒有找到可以取消訂單的地方，最後我在自己的手機查看訂單，才發現這單已經取消了，白白浪費大家研究半天的時間。幫店家搞定後，店家一直道謝說：「我們這裡的麵包你一定要帶一個走，不然我會不好意思。」我也笑笑的婉拒了，和麵包相比，我們更希望系統可以再人性化一點，讓大家操作起來可以更便利。

報客服，等客服回覆訂單取消後，才可以自行處理餐點。

破關了：獲得收入

交付餐點、拍攝放置餐盒的照片、在系統上回覆「已送達」，訂單就算是配送完成。

過一、兩分鐘系統會出現此趟配送的收入金額，若想知道收入細節，可以進入系統上的費用明細功能，這單的距離、時間、獎勵加成都會顯示出來。

TIPS 小綠的接單程序

第一關：接單

系統派來訂單時，會顯示店家的地址，和外送員到店家再到客戶處的總距離，點按指示的區域就會進入第二關。

派單有時間限制，若是時間倒數完畢之前都沒有接單，就等於放棄不接。

第二關：取餐

會看到客戶名稱和餐點細項，可以前往店家取餐，若想拒絕就按驚嘆號的按鈕，結束這張派單。

前往店家拿取餐點途中，如果遇到系統又派單來，可以選擇要不要疊單。

第三關：送餐

拿到餐點之後，在手機上滑開「開始外送」，就會看到客戶的地址和備註，這時已經不能拒絕送餐，一定要送到客戶處。

若是因聯絡不到客戶，而無法交付餐點，必須先回

04

收入如何最大化？教你怎麼算

公司在變更一些薪資算法之前，並不會先告知外送員，所以要保障自己的收入，就只能靠自己精打細算，這一篇可以說是專門為和我同公司的夥伴而說明的。外送是在跟時間賽跑的工作，所以一分鐘、一公里、一塊錢都應該要計算！也許有些外送員不這樣想，但**我都認為我自己是「頭家」，應該追求怎樣能在一定的時間內獲取最大的利益，就是要靠精準計算。**

三公里是最合理的外送距離

我曾統計過訂單的距離和收入的比例，算出來的結果是，我覺得從接單時的位置到店家、再到客戶處，**整個跑一趟，三公里是最合理的距離，超過三公里，油耗、車損、時間成本都不划算**，所以我的計算基準就是三公里，但如果有人可以接受四公里、五公里，甚至更遠的，也可以依照每個人意願去調整。

以下是我的算法：

●只接一張訂單時

一次只接一張訂單時，是從我的所在位置到店家、再到客戶處的總距離，也就是派單時手機上顯示的公里數，以三公里作為最遠距離，三公里以內才接單，超過就放棄。

●想疊單時

如果已經接了一張單，遇到系統再派訂單來想要疊單，就要控制兩張單的總距離在三公里以內。假設第一張單的距離是二．三公里，想要疊單，就只能再接距離七百公尺之內的訂單。

●一次派來兩張訂單時

有時系統會一次派兩張訂單過來，但手機上不會分別顯示兩張訂單的公里數（例如一張是二．八公里、一張是三．七公里），只會顯示跑完兩張訂單的總距離（例如六．五公里），如果超過六公里就直接拒絕接單，因為平均下來一張單超過三公里。

如果在六公里之內，例如五．四公里，可以先把兩張訂單接起來，再拒絕其中一單。留下的那一單，因為系統不會重新顯示公里數，就先認定它是二．七公里（5.4÷2=2.7），但實際到底是多遠就要碰運氣，如果手氣好是在三公里之內，就是合理的訂單，如果超過三公里，就只能認命了。

因為已經拒絕掉一張訂單，手上只有一單在跑，這時系統有可能再派第二單過來，這時就只能接距離三百公尺的訂單。

這樣算，可以比較精準的控制每張單的距離，但我要先聲明，這個算法「不適合」拚趟數獎勵，因為會拒絕非常多訂單。只是我自己壓根不在乎接單率，這也不會影響系統派單給我的機率，我拒絕的訂單數量常常幾乎是接單的兩倍至三倍，還是一樣每天上線接單。

優先派送費由外送員領才合理

以我在跑的這家公司來說，我覺得比較合理的外送薪水，是他們在二〇二一年五月疫情大爆發之前的算法，那時的地區加成不只有偏遠區域，是整個北北基都有十五至二十元的加成，這相當於基本單價變多，這樣不管獎勵怎麼浮動，都有基本收入的保障。另外，趟數獎勵的階梯目標也沒有這麼嚴格，讓外送員看得到也拿得到。

前述那次疫情爆發後，外送員人數大增，公司不需要再給那麼多薪水鼓勵外送員出來跑單，所以外送的基本單價和加成獎勵都調整了很多，然後另一方面，卻在客戶端推出「優先」功能，就是客戶加付幾十塊，外送員就會優先派送餐點過去，客戶想要快一點拿到餐點，就多付一些錢。

我看到這個做法時只覺得，如果客戶只是單純想快一點拿到餐點，多花一點錢很合理，但如果是因為店家距離太遠，想用錢來吸引外送員接單，可能效果有限，因為距離遠，就等於油耗和車損都會增加，到了不熟悉的區域還需要花時間找路，而且送完單後常常是在沒有接單、沒收入的狀況下回程，客戶加付的錢，可能還不夠補貼這些損失。另外，客戶多付的錢並不是直接給接單的外送員，而是先由公司收取，如果客戶真想買到「優先」的服務，應該是把錢直接付給外送員才對，畢竟多花時間、承受更多耗損的是我們。

至於遠單，從來都是「沒有最遠，只有更遠」，有夥伴分享他接過取送餐距離總共三十二公里的訂單，遠遠的打破我所知道的二十一公里紀錄，三十二公里連開車都不想送了，對於機車來說，根本是一個需要任意門的遙遠距離。系統派單時除了距離也會顯示配送所需時間，這張三十二公里的單是從彰化接單，跑到臺中取餐，再送到臺中客戶處，配送時間卻顯示「十五分鐘」，意思是這張訂單從出發取餐到送達客戶處，只需要十五分鐘即可完成，外送員的收入還只有五十三元。聽到夥伴的分享時我心想，他×的啥鬼單，十五分鐘跑三十二公里，這種車速應該連電影《玩命關頭》（*The Fast And The Furious*）裡的馮迪索（Vin Diesel）或保羅．沃克（Paul William Walker IV）都無法完成，只能呼叫超人來送，或是用小叮噹的任意門了。

小綠派單是定位外送員的位置，從距離店家最近的外送員開始分派，但是竟然會把臺中店家的單派給位在彰化的外送員，真不知道當時系統是發生了什麼事，或許他們也需要放一包綠色的零食乖乖，好讓系統乖一點？

05 公司遠在天邊，一切線上教學

在跟出版社說明我怎麼開始做外送員時，講到我選擇的這家小綠，在臺灣沒有「公司」和辦公室，大家都很驚訝：「沒有『公司』，那要怎麼應徵？怎麼知道外送流程？App 怎麼用？誰會教你們？」我說：「『全～～部』都是在網路上學的，所有需要的條件和工作程序，我都是自己上網看來的。」

外送不用應徵，文件審核通過即可

這家公司的網站上其實有非常清楚的申請流程，照著上面的步驟做，基本上都能順利完成申請，成為他們的外送員。首先必須下載外送夥伴端的 App，只要年滿十九歲，沒有犯罪紀錄，就可以註冊帳號，不一定要有交通工具，所以有人是走路送餐的。

有帳號之後，就是上傳各種文件給公司審核，如果是用腳踏車或步行送餐，只要上傳身分證、良民證和團保同意書。由於大部分人都是用機車送餐，就還需要機車駕照、行照、強制險保險卡。文件上傳後，公司通常一週內就會回覆審核通過，有一些新手會在這裡卡關過不去，不管如何重新上傳都無法通過，不知道卡關的原因是什麼。遇到這種情況建議可以再上網看一下，很可能是文件裁切不完整的問題，而且除了強制險保險卡可以用電子檔之外，其他的文件都不能用掃描的，一定要用拍照的，很多人忽略這點。

全部文件證明都審核通過後，下一步是要看完四份與外送工作相關的課程文件，並完成測驗，之後設定好銀行帳號，就可以開始接單了。

小粉在臺灣有公司，應徵過程不太一樣，除了在公司官網申請帳號和上傳證件資料之外，還必須參加說明會和一對一的面談，等公司評估確認應徵者沒問題後，才會開通帳號，開始派單。

成功成為外送員之後，如果擔心匯款會不會出錯，就先跑幾張單試試，看薪水是否真的有匯到戶頭裡，我就做過這樣的事。

小粉是固定每個月十日和二十五日發薪水，很少聽到他們的夥伴有什麼匯款的問題。小綠的匯款日期，系統上都會寫星期一，但是真正匯進帳戶的時間會是星期四的凌晨，除了有時會因為連續假期而延後匯款之外，我的經驗是公司每次匯款都很準時。

公司只管派訂單，不管保險

知道小綠在臺灣沒有實體公司，很多人都很驚訝，擔心沒有保障，或是出車禍、有糾紛時沒人幫忙處理，出版社的人就有問到：「你們連實體公司都沒有，那誰管你們？誰幫你們處理勞健保？」我說：「**我們歸監理站管，監理站就是我們的保母，保險的話有外送工會，自己去工會投保。**」

因為外送員是承攬制，所以我們跟計程車司機大哥一樣，勞健保是跟工會投保，然後歸監理站管理，像要打新冠肺炎疫苗的時候，就是監理站造冊給衛生福利部，再由衛生福利部安排，幫我們這些外送員打第一劑疫苗，但監理站只管打第一劑，第二劑之後就要外送員自行預約。不過我覺得監理站也滿貼心的，因為他們還有傳簡訊來提醒：「駕駛、外送朋友您好，提醒您已施打第一劑莫德納疫苗，為提升疫苗防護力，如未施打第二劑，請盡速至醫院或診所預約施打。交通部公路總局臺北區監理所關心您！」是不是揪甘心？

如果不幸出了車禍，小綠的處理方式是會先讓外送員停權，然後調查車禍過失。如果錯不在外送員，大約一週後會再開通權限，讓對方繼續接單、送單，但如果是外送員的錯，就會永久停權。小粉也會把外送員停權，還會要求外送員必須上完道路交通安全課程，才會再開通帳號。

外送身分不能借用，公司會隨機抽查

申請成為外送員幾乎沒門檻，但有沒有人因為自己沒辦法辦帳號，所以「借用」一下別人的帳號，像是家人或朋友借帳號去跑單賺錢？我知道有，而且也有人被檢舉，只是不知道這樣的事有多少。

現在這兩家外送公司，都有辨識外送員是否為帳號本人的機制，就是會隨機出現要求外送員「自拍」來確認身分。出現自拍要求時，一定要當下馬上拍照上傳，小綠還有規定，如果失敗三次就會被鎖帳號，暫時好幾天不能接單賺錢。

那個被檢舉出來的案例是，一個男生外送員送餐時被客戶問：「ㄟ，你的照片是女生的圖像，不是你耶，為什麼是你送過來？」他一句話都沒說，把餐點交至客戶手中就離去了，客戶質疑外送員的性別不符，就向公司檢舉他盜用帳號。

雖然沒聽說這個事件的結果是什麼，但我猜應該就是停權，畢竟盜用帳號是嚴重的事，而且我一直在想，外送這麼辛苦，風吹日晒、淋雨受寒的，又不是什麼好差事，幹嘛還要冒用別人的帳號來跑？

TIPS 小綠的外送員申辦程序

第一步

下載外送夥伴端的 App，年滿 19 歲且沒有犯罪紀錄，就可以註冊帳號。不強制要求具備機車駕照，也有人步行送餐。

第二步

上傳身分證、良民證、團保同意書、機車駕照、行照、強制險保險卡，等待審核。

第三步

審核通過後，閱讀 4 份課程文件並完成測驗，測驗答題正確率須達到 90%以上才算通過。

第四步

設定銀行帳號。

第五步

成功成為外送員，可以開始接單！

06 外送配備百百款，這樣裝載才穩當

少林、武當、崑崙、峨嵋、崆峒，為武林五大門派；全包、小包、歪包、正包、空，則是我們外送箱的五大派系。

大小箱齊備的全包派

小綠的外送箱有很多種，全包派就是指，會同時攜帶大家最常見的小黑箱和大綠箱，用兩個外送箱來裝，餐點可以平平穩穩的放在箱子裡，然後十全十美、完整安全的送至客戶手中。

全包派目前是五大派系中人數第二多的，如果有全包派經過你旁邊，請不要

吝嗇的跟他們說：「外送員辛苦了，謝謝你們，有你們真好。」

有點擁擠的小包派

小包派是只攜帶小外送箱，不攜帶大外送箱，不管是手提式或側背式小箱，都屬於這個派系。因為箱子小，所以餐點裝在裡面容易被擠壓，餐盒大一點時還很難擺平，有看過小包派是怎麼載披薩的嗎？當然是「立」起來囉！至於打開盒子後，披薩變成怎樣，那就要去問客戶了。

有小包派經過你旁邊時，請心中祝福：「餐點們辛苦了，我知道小黑箱裡的『壓力』很大，祝你們抵達目的地時還完整。」

坐在搖滾區的歪包派

歪包派跟全包派一樣，大小兩個外送箱都有，但是大外送箱是歪的，只有用小外送箱在裝餐點，偶爾也是有必須用到大包的時候，這時就需要為餐點擔心，畢竟歪包本身就不安全，餐點在裡面的搖晃程度等於加倍，不過好在這種機會不太多。

曾聽歪包派的外送員說過：「這樣歪掉的大外送箱有一個平衡點，比較穩。」因為我不是歪包派，無法體會其中的奧義，但我強烈懷疑他講歪理，歪包是整個箱子都歪

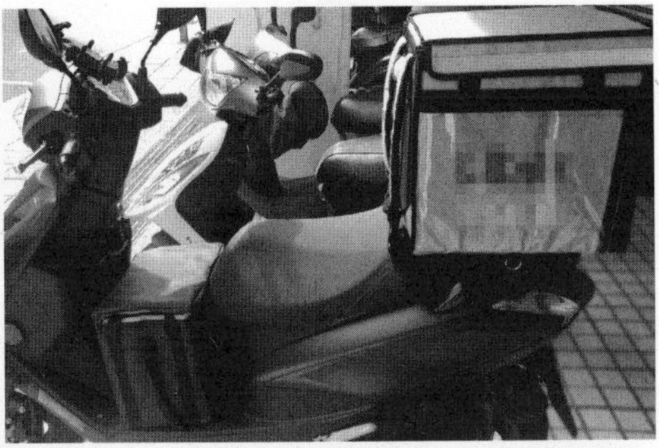

▲ 攜帶一大一小兩個外送箱的全包派。

▲ 只用一個小外送箱的小包派。

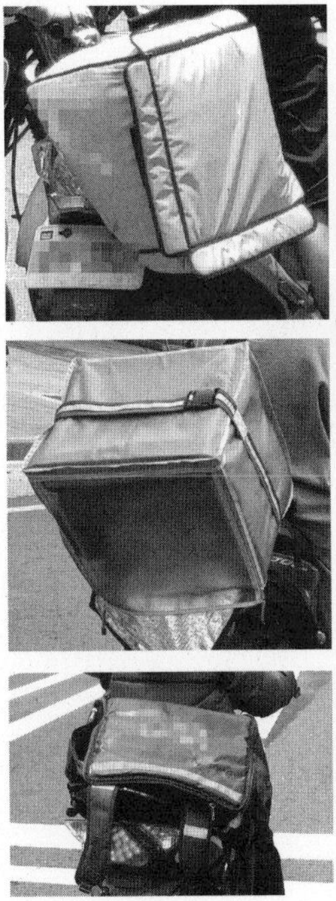

▲ 各種形式的歪包派。

斜，甚至扁塌，餐點都不見得裝得進去了，怎麼可能會比較穩？被派到歪包派的訂單，我只能幫客戶餐點的完整性祈禱了。

當有歪包派經過你旁邊時，請暗暗佩服：「餐點們辛苦了，搖滾區不好坐，受驚嚇了，請穩住陣腳，堅持到最後。」

一只大箱走天下的正包派

正包派是只攜帶大的外送箱，他們通常會把箱子放置在後座上，或是自己揹著，有時因為

▲ 只有一個大外送箱的正包派。

箱子裡的餐點沒有固定得很穩，騎車時如果路不平，顛得大一點，餐點就會跟著晃得大一點，餐點損壞、打翻溢出的機率不小。

正包派可以承載餐點的數量比全包派少一些，畢竟少了一個小箱，但是目前五大派系中人數最多的，當正包派經過旁邊時，請不要吝嗇的說聲：「外送員和餐點都辛苦了，有你們真好。」

機車掛勾萬能的空派

小綠沒有規定外送員一定要跟公司買外送箱，也不限制外送員一定要用外送箱，所以就有空派的出現。空派是指沒有攜帶任何外送箱，餐點可能掛在機車把手上、掛在膝蓋前面的掛勾

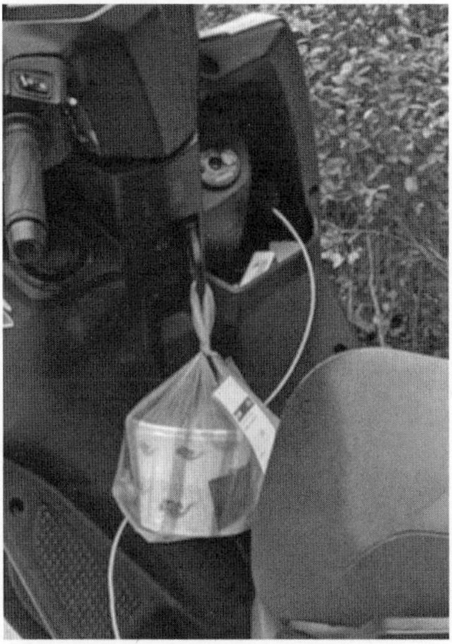

▲完全不用外送箱的空派。

上，或是放在座墊下方的置物箱，如果硬要說，整輛機車都是他們的外送箱。

既沒有制服，又沒有外送箱，空派的人走在路上看起來就是一般路人，曾經有過到店家取餐時，被懷疑是來盜取餐點的案例。有空派經過你旁邊時……不對，你不會發現他的存在，所以什麼都不用說，因為沒有人知道他是外送員，就像個忍者隱身在你我之間。

外送箱要穩固，請「自備」支架和杯架

我自己是屬於正包派，只有一個大外送箱，裡面用鐵架撐起，再加上六孔厚杯架和兩包抽取式衛生紙，來防止餐點左搖右晃，這樣配置的效果非常好，幾乎沒有發生過餐點歪掉外漏的狀況。

我的外送箱是在官網上跟公司買的，小綠沒有免費配備給外送員，但也不限制一定要跟公司買，所以也有人自己找管道買二手的。我一開始收到箱子時是全扁的，沒有提供任何支撐四角的支架，所以組裝起來後整個箱子搖搖晃晃的。

我有另外上購物網站買「外送大箱專用鐵架」，架在箱子的裡面，把整個外送箱撐起來固定。至於厚杯架跟兩包抽取式衛生紙，是用來「卡住食物」，厚杯架固定飲料杯，衛生紙負責填滿空隙。

因為每一次訂單的食物有多有少，總會有一些空隙的地方，造成食物晃動不穩，此時衛生紙就很好用，可以把那些空隙的地方塞滿，達到穩定的效果。

▲ 手機上會加裝遮陽小物，避免反光影響查看系統。

▲ 作者防止餐點傾倒的好幫手：厚杯架和衛生紙。

裝備的狀態顯示對工作的態度

很多人對於小粉的印象就是鮮豔的亮粉紅色，是因為除了外送箱之外，他們還會穿著同色系制服。前面提到的，如果穿制服跑單，一張訂單的收入會多加五元，在公司的認定裡，這五元等於是給外送員幫公司打廣告的費用。

不管哪個門派，各有各的習武之道。天下武功出少林，外送包包出人性，只要餐點沒被偷走、偷吃、損壞，就值得嘉許。馬路上每隻眼睛都在觀察外送員，從機車、安全帽，乃至於鞋子、衣服的乾

▲ 有些外送公司有同色系的制服及安全帽，形象鮮明。

淨程度，都是別人評斷外送員的重點，所以不管是全包、小包還是正包派，我認為**「乾淨」是最基本的要求**，畢竟我們以外送食物為最大宗（自從各大賣場加入店家的行列後，外送的內容就不只有食物了），就該讓大家吃得安心。

07 外送的專業在態度，個性重於技術

我曾經被「外送員要什麼技術」這種問題困擾很久，因為我聽過太多人說：「外送員不需要技術，不需要專業，任何人都可以做。」這種說法可以說對，也可以說不對。

外送員是服務業的一種，做服務業，表面上看起來好像不用像律師、醫師、工程師那樣，需要很專業、很深奧的技術，但是在心理層面上的要求卻很重要。所以做外送員的人，撇除掉像是方向感要好、要看得懂地圖、看得懂英文地址、會騎車（如果想用步行送餐也不勉強啦）、會使用智慧型手機這些外在的「技術」，還需要有態度、責任感、夠勤勞、有自制力等，這些心態上的要求。

或許又會有人覺得這是什麼歪理，技術哪有分什麼心理層面還是外在，技術

就是要能看得到厲害在哪，但我必須說，外送員的專業是用「心」感受的，而不是用「眼睛」看的。

責任感就一種，擺爛有好幾種

做服務業，態度決定一切，這個道理在外送員身上也一樣，不管是店家、客戶，還是外送員自己，任何人都會有情緒上的問題，不管誰的心情不好還是心情太好，我們都只能用中立的態度來處理訂單，不可以把壞情緒表現出來，甚至轉嫁到店家或客戶身上。

而且既然選擇了這個行業，就該有身為外送員應有的責任感。外送是個自由度很高的工作，沒有老闆緊迫盯人，也沒有業績壓力追著屁股跑，其責任很簡單，就是要核對單號、確認餐點，把餐點完整的送至正確的地址，交給正確的客戶。

少數外送夥伴喜歡一副「我就是這樣，不然你想要怎樣」的擺爛態度，餐點送錯或是少餐，就推說是店家給錯或沒給，看到客戶地址在四、五樓，或頂樓加蓋沒電梯，就要求客戶自己下樓來拿餐，或是把餐點留在一樓就自己走掉。老實說，如果連外送員這種責任已經這麼小的工作都無法勝任，我覺得那還是待在家不要出來工作，當個永遠長不大的小孩就好。

夠勤勞、自制強、能抗壓，更加分（薪）

外送是以體力換取報酬的工作，賺的就是客戶想「懶」的錢，懶得出門吃飯、懶得自己煮飯，所以越勤勞、越能忍受風吹日晒雨淋的外送員，賺到的報酬會越多。

另外也因為外送工作的自由度高，相對的，自制力就顯得特別重要，要能忍受「別人在玩樂，我在工作」這種心靈折磨。我曾經在送單時接到朋友的電話，揪我去喝酒、吃熱炒，去了就損失賺錢機會，不去又覺得可惜，心裡很糾結。但要相信，這些花在工作上的時間和汗水，最後會變成錢回到自己身上的。

還有抗壓性，遇到態度不好的客戶或店家時，外送員不像其他服務業，會有主管可以當靠山，再怎麼被激怒都必須克制自己，要用平順的語氣對話、傳訊息，絕不能口出惡言，真的遇到不可理喻、無法忍受的狀況，盡快離開現場就好。

另一個很重要的是，外送因為都在趕時間，很容易遇到被警察開單，這時也絕對不能意氣用事跟警察爭辯，否則會被多開一條「妨害公務」。妨害公務是刑事罪，不只要罰錢，甚至可能要拘留被關。像我自己也被開過罰單，因為不想等紅燈，就牽機車用走的過馬路，結果被警察看到，開了一張「闖紅燈」一千八百元的罰單。這種情況誰都無法反駁，就只能靠邊停乖乖被罰，反駁了，只會浪費更多時間跟金錢。

每個行業都有它的專業，和適合做這一行的性格，很多人認為做外送沒有門檻、不需要技術，但也不是每個人都能做，都做得下去。沒有深奧的專業，不代表就可以看低這個工作，任何行業都需要大家彼此尊重、學習，沒有誰比較厲害、誰比較弱的問題。

第 2 章

兩輪江湖，練就智勇兼備

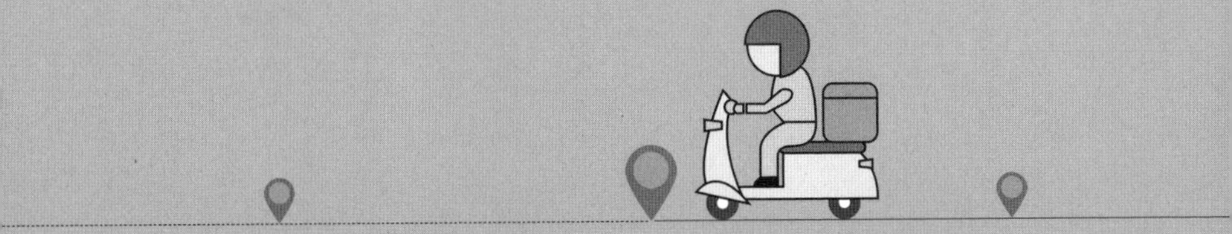

01

路燈、柵欄、電線桿，人客你到底在哪？

客戶訂餐寫清楚地址，我們依照導航抵達地址交貨，是很理所當然的事，但就是有人不好好寫，增加我們外送的困擾。

很多學生訂餐的地址會寫：「學校左側的第幾面柵欄」、「從校門口旁的第幾根柱子」、「校門口往右的第幾支路燈下等」……各位同學，不是每個外送員都很了解你學校周圍的環境，我們也不會心電感應，感應得到你在哪支路燈或哪根柱子，這樣寫地址，只會讓我們找不到你。

真心的勸導大家，多走幾步路到校門口不會少幾塊肉，但是外送員分心邊數路燈邊騎車，會導致車禍機率大大增加。

不管是算幾支，對於騎車的我們來說風險都很大，如果想要快一點、省力一點拿到餐點，提供明顯的地標是能夠最快取餐的方式。

請在第〇〇根電線桿等

像這種被我們戲稱需要觀落陰或通靈的送餐地點，我經歷過兩次，太難忘了，天才的學生真的考倒我。

第一次，在我還是菜鳥的時候，從新北市的永和區送餐到臺北市區，客戶在訂單備註：「請在〇〇路的〇〇巷口等。」我心想，客戶會自己走出巷子來拿，很棒。於是我一抵達就立刻傳訊息給客戶：「我已經抵達囉。」沒想到客戶回覆：「我沒看到你啊！」我再傳：「我在巷子口啊！紅色的機車，車頭有插一支小雨傘。」這次客戶竟然回：「你從巷口往前騎到沒有路，看到學校的柵欄牆，在那邊等我。」

原來「巷口等」只是中場休息，說不清楚位置的學校柵欄才是目的地。

第二次比較誇張，就是叫我數電線桿。那時我已經跑了一年多的外送，正想說再怎麼奇葩的客人，我應該也遇得差不多了，結果馬上就現世報。

這次是送餐到臺北的某個大學，客戶的備註寫：「從學校正門往右邊數第○○根電線桿，我在那邊等。」看到這備註我無言，心想：很好，要玩我就對了，哥奉陪，沒問題的！

一抵達校門口先停下來，觀察一下四周，然後開始面對校園往右邊數：「一、二、三……○○，郎勒（人呢）？」第○○根電線桿下沒看到人，我直接傳訊息給客戶：「我沒看到你啊，你在哪邊呢？」客戶回：「我也沒看到你啊！你是面對校園數還是背對校園數？」我回：「面對校園數。」客戶再回：「我在你的對面，要背對校園數才對。」你……好樣的，哥認輸。

亂跳號的門牌

另一種找不到客戶的狀況，是門牌號碼順序亂跳，這種就算客戶地址寫得清清楚楚，也沒用，因為我就是找不到那個門牌、那一戶呀。

我曾經在晚上送餐到一個長得像「章魚」的社區，社區的中間是一棟大樓，大樓周圍有幾條路分散出去，分別通往其他住戶。當時我要找三十六號四樓，已經找到二十四號，接著二十六號、二十八號，咦？二十八號再過去就沒有建築物了，我拿著手電筒四處照，想說旁邊會不會有樓梯或巷子之類的，就像打遊戲有隱藏的祕密關卡。但我怎麼照都沒找到，一直卡關，只好直接打電話問客戶。

「我只有找到二十八號，沒有看到三十六號啊，你們是在哪裡呢？」客戶：「就在理髮廳對面四樓有白色窗戶的那間。」我才想到社區一進來時，似乎隱約有瞄到理髮廳的三色旋轉燈招牌，但因為顧著找門牌，就沒有太去注意。

既然客戶說在理髮廳對面有白色窗戶，那就先去找理髮廳。我照原路騎回去，果不其然，有間小小不起眼的理髮廳，而且裡面還有客人在剪髮。「既然理髮廳在我的前面，那白色窗戶就在我的後面囉！」我向後轉，往上看，還真的有白色窗戶，但是要怎樣上去呢？

我把車停好，提著餐點，沿著白色窗戶附近找，看看有沒有樓梯可以上去。發現樓梯很多，但都不是三十六號，找了好久才終於在「左手邊」找到三十六號的門牌。

為什麼要強調「左手邊」呢？因為騎車會習慣一直往「右手邊」看，忽略了左手邊也有建築物跟門牌，一開始會沒發現理髮廳就是這個原因。而且，往前騎只會看到左手邊建築物牆壁的後面，而門牌是掛在牆壁的前面，要迴轉往回騎才會看到，再加晚上燈光昏暗，要邊騎車邊找更困難，還好最後還是安全送達餐點。

躲在門內的門牌

還有一種更頂級的狀況，不只是觀落陰沒有用，就算地址寫得清清楚楚也沒用，因為根本找不到「門牌」！

這次是送一單到位在半山腰的社區，抵達時沒看到門牌指標，心想要問一下管理室〇〇號在哪裡。結果管理室裡沒看到任何人，就乾脆油門一催，直接往社區裡地勢最高的那一棟騎去。

到了最高那棟樓的停車場，下車查看門牌號碼是幾號，竟然完全看不到任何一個門牌，建築物的外牆上也沒有寫這裡是幾號。接下來就是常出現的情節，傳訊息不回、打電話不通，只好自己東瞧西找，結果居然在電梯旁的變電箱上看到用奇異筆隨手寫的門牌號碼，我傻眼。

不過這還不是最扯的，因為至少門牌號碼「在外面」，只是它不是政府安裝的牌子，很容易被當成塗鴉忽略而已。還有夥伴遇到門牌是在大門裡面的，他站在導航顯示的位置狂打電話找客戶，客戶突然把門打開，把他嚇了一跳。交完餐點後夥伴忍不住好奇問：「你們家的門牌在哪裡，我怎麼找不到？」客戶回答：「你進來大門看右邊的牆上，在那邊啊！」

找客戶像隱藏關卡

我自認我找客戶的能力已經很強，但還是被各種標的物不明顯的地點、不合常理的取餐位置給打敗，客戶們自以為是的聰明，反而造成我們的困擾，最後只會讓大家更慢拿到餐點而已。

相比之下，找不到門牌，對我來說反而不這麼難搞，我會把這種狀況當成這個工作的一個隱藏關卡，門牌怎麼設置不是我們小市民可以決定的，最終能讓我找到訂單中的地址，把餐點送到客戶手中，會有一股成就感，就像玩遊戲破關一樣。

最後一種狀況是，有些客戶「忘記」自己有訂餐，等到外送員一直傳訊息、打電話，才想起來「啊，對喔，我有訂餐。」有聽過夥伴分享，他已經到達客戶地址，按了電鈴，也確認過姓名和餐廳名稱，但客戶卻說：「確定是我訂的嗎？我怎麼不記得我有訂。」

現在不少人不接陌生號碼的電話，因為這種電話不是推銷貸款，就是叫人加入理財投資會員，因此外送員都是先傳訊息，不會一開始就打電話，所以請大家訂餐後注意一下訊息，外送員傳訊息來會有提醒聲音，也盡量不要關靜音。忘記有訂餐沒關係，我也常常發生，明明一小時前才做過的事就通通忘記了，不過沒關係，你忘記但外送員會記得，只要客戶記得看訊息或接聽陌生電話，對我們來說就是一個很大的幫助。

TIPS

●外送心聲

想要外送員盡快送來餐點，寫清楚完整的地址是最有用的，而且要包括巷弄、門牌號碼、幾之幾和樓層，訂餐之後請隨時留意訊息，和暫時不要拒接陌生電話，因為很可能是找不到您的外送員在呼喊您。

02

外送靈異事件

我有一個外送員好朋友，我都叫他「憲老弟」，外送是他的正職工作，遇到的故事比我多很多。臺灣有個民間習俗，「地上的紅包不要撿，撿了就會多一個老婆」，他就差點多一個老婆。

當時的情況是，憲老弟送餐到客戶那，客戶的地址是在一樓，也有備註說「餐點放置門口即可」。憲老弟抵達後有跟客戶聯繫，告知餐點已經送到，客戶回覆：「門口有一個紅包，裡面有小費，要走的時候記得拿走。」

憲老弟有點懷疑，就問：「裡面的小費是多少呢？」客戶回答：「大概就幾百元吧！」憲老弟心想，怎麼會不知道自己放多少小費？這肯定有問題，說不定裡面不是只有小費而已，搞不好還有其他的東西。他就再傳給客戶：「這小費你留著，記得要給五星好評。」

聽到這個故事之後，我就跟憲老弟說：「你終於有脫單的機會耶，只是看不到而已，而且說不定裡面是厚厚一疊千元大鈔。」憲老弟說：「靠夭咧，下次遇到我就叫你來。只是看不到嘛！說不定在夢裡是你的女神。」我說：「好意我心領了，我比較喜歡牽得到、摸得到的，那留給你自己享用，我就不爭了。」我在想，說不定還真是個大正妹呢。

大家都眼花，都去過七樓

接下來這個故事就真的有點靈異，已經在社團裡流傳很久了。那是一個外送員看著系統裡客戶的地址樓層是寫「七樓」，他到達之後沒有多想，就直接按電梯坐到七樓（據說那棟大樓只有七層樓），根據當事人的說法是：「電梯到達七樓後，門打開看出去是一片漆黑的，沒有任何光亮，也找不到任何的對外窗戶。」他當下很納悶，我想如果是我也會很納悶加碎念，搞什麼啊，已經很趕時間了還來這招，寫錯地址也不提早說！

外送員馬上就打電話給客戶，運氣好很快就聯繫上，但奇怪的是客戶竟然問：「你在哪裡，我怎麼沒有看到你？」外送員：「我在七樓啊，地址不是寫七樓嗎？」客戶很驚訝的語氣：「你趕快下來！我們在六樓，七樓是沒有住人的。」當下外送員背脊超涼，比吃薄荷口香糖還要涼，立刻關門再按六樓的按鈕。

找到了「真正的」客戶，才聽對方說：「你不是第一個上去的外送員，已經很多個都被叫上去了。」而且每個被叫上去再下來的外送員，再看一次自己手機中的住址，樓層會變成顯示為「六樓」。一個外送員看錯在所難免，但群組裡這麼多人都去過七樓……寫到這裡，連我自己的背後都發涼了，涼到趕快去穿外套。

其實這個故事我會歸納為工作太累，眼花看錯地址，我自己也曾經看錯地址，一直找不到，等到再看第二次的時候，才發現原來我看錯了，難怪找不到。

當時是下午五點多，天還沒黑，餐點要送到警察保安大隊。我一直記得地址上是寫「一一七六號」，但繞來繞去就是找不到，很奇怪。後來機車轉來轉去太累了，我乾脆停車用走的，一戶一戶的門牌慢慢看，但也是沒找到，只好跑進一棟大樓問管理員，管理員說「就在前面啦」，可是我就是從前面走過來的，如果在前面我會不知道嗎？

最後我放棄掙扎，再看一次系統裡的住址，「一一六七號」，我把「六七」看成「七六」了，好吧，眼花就自己承認，反正沒人知道。

其實外送員看錯地址是很常發生的事，尤其是下雨天，雨水不斷擋住視線，看錯的機率更大，除非真的有什麼無法解釋的狀況，不然我們也很少往靈異事件去想，免得自己嚇自己。再加上，外送員常常一跑就是十到十二個小時，跑到精神渙散、視力模糊的大有人在，我自己也曾經因為一口氣跑太久都沒休息，結果精神不集中，視線已經不清楚，再繼續騎車跑單太危險，最後只能下線回家休息。

有不少外送員為了多賺一點或是衝趟數獎勵，會長時間跑單。生活壓力讓大家忽略身體狀況，但我從自己的經驗體會到，今天少賺的，等明天養好精神後再補回來，如果今天勉強上路而出狀況，可能不只明天、後天，會好幾天什麼事情都不能做，更別說賺錢了。

裡頭黑漆漆，誰幫店家接單的……

前兩張訂單起碼都是真的有人訂餐，只是交付餐點的過程有插曲而已，但下面這張單，卻是連訂單怎麼成立的都很讓人不解。照道理說，有訂單就代表店家有打開系統，準備接受訂餐，也就表示店家有開門營業，我卻遇到「有訂單，但店家沒有開」的情況。

那是一個下雨的星期四晚上，我到土城去送餐，剛把餐點交到客戶手中，外送系統就響了，有訂單派過來了。看看店家地址是一間火鍋店，距離不遠，騎過去只要三分鐘而已，不用猶豫，按下接單。

結果令我意想不到，我抵達店家時，看到那間店的招牌和店裡都是暗的，門上還掛著「今日公休」四個字的牌子。我納悶是還沒到營業時間嗎？公休的牌子是掛錯了吧？但是看一下手機上的時間，晚上七點多，正常來說正是用餐客人最多的時候，怎麼店裡店外都沒有半個人呢？

當時我還在店門外晃來晃去，一直觀察店內動靜，邊看邊懷疑，然後越想越不對，店裡沒有開燈、沒有看到任何員工在裡面走動，肯定是沒人上班、沒有營業，那為什麼會有訂單？晃了將近十分鐘，店家一直都沒有動靜，我只好聯絡客戶，說明店家沒有營業，請他們取消訂單改訂別家的餐點，客戶也同意取消，這張訂單就這樣結束掉了。

後來在外送粉絲團上看到，有很多夥伴發生過類似的情況，不是只有我遇到而已，大家都是接單之後抵達店家，才知道店家當天沒有開門營業，店裡電燈沒開、鐵門深鎖。大家也都好奇，那訂單是怎麼來的？店家沒開平板、沒上系統還可以接單，系統還能派單給我們，真的有特別現象發生？還是外送系統又出包？我百思不得其解。

不管真相到底為何，對於外送員來說，這種情況只會浪費很多時間跟油錢，因為店家沒有營業，代表這張訂單不成立，沒有餐點可以送，又怎會算薪資給我們呢？所以幾乎所有遇到這種事的夥伴，都是摸摸鼻子自認倒楣，也不可能在接單後先打電話去問店家：「請問今天有開嗎？確定是你們家的訂單嗎？」一方面太麻煩，另一方面電話費會暴增，公司可不會補助。

這張單，送達時要上香

剛開始跑外送的新手，都很習慣用Google地圖的導航來找路，我也不例外，雖然公司的系統都有內建導航功能，還會報路名，但總是用不慣。有次某個老手外送員，一如往常的接單、到店家取餐、尋找地址、送餐，感覺沒有什麼特別的地方，但他跟著系統內建的導航到了目的地，抬頭一看才知道，他抵達的是生命紀念館（納骨塔）門口。但畢竟是老手，處變不驚，他照流程先傳訊息給客戶，但無人讀取，再打電話過去，也無人接聽，最後回報客服說聯繫不上客戶，然後就自行處理餐點了。

或許另一個世界的朋友也不斷的在更新科技跟使用模式，也跟著我們這個世界的腳步在走，知道點外送免出門就可以有香噴噴的美食吃。外送不設限，有訂單我們就送，不管是真的人，還是「曾經是人」，我們都照單全收。

TIPS

●外送心聲

我們不知道另一個世界的人會不會訂外送餐點，反正只要有單，我們就送，但是要請各位客戶，別吝嗇打開您樓梯間或長走道的燈，我們也不想把您當成另一個世界的「朋友」。

03

你不尷尬就是我尷尬

我一直以為在宅男之間流傳的名言：「乳不巨，何以聚人心」的福利，只會在宵夜時段出現，沒想到早起的男人眼睛也有冰淇淋吃。那天是早餐店公休的日子，心想反正早上沒事，來跑跑看早上的單量如何。吃完早餐，就把外送大箱固定好、口罩戴好、手機和安全帽就定位，上線囉！

一開始還真的有點擔心，等了半個小時都沒有訂單，我還問阿母：「是不是我手機壞掉，都沒有單ㄟ。」「再等一下，真的沒有單就下線休息不要跑。」還是阿母比較淡定。

才剛說完手機馬上就響了，看來抱怨一下還是有點用處的。接到第一單後，接下來就很順利的陸續接單、送單，也不知道送到第幾單時，福利就來了。那張單的客戶地址是公寓，我爬上四樓正要將餐點放在門口時，剛好客戶也開門出來取餐，對方一臉睡眼惺忪的樣子，看起來似乎是剛起床還沒換衣服，收到外送訊息就直接開大門，讓我們倆碰個正著。

眼前出現半身鏤空的黑蕾絲睡衣，若隱若現的透出完美曲線，木瓜般的水滴長輩（胸部）、過膝的長黑襪露出絕對領域（大腿）、穠纖合度的四肢跟水蛇腰，還有傳來陣陣香氣的飄逸長髮……看得我快凍未條（受不了），差點要出現生理反應了！

這時大腦就像電影《腦筋急轉彎》（*Inside Out*），理智和欲望在裡面打架，是要秉持男性本色，此等福利何處尋找，此時不欣賞更待何時，藉機多跟客戶聊聊？還是拿出外送員的專業態度：餐點已送達，祝您用餐愉快，然後轉身就走？現在回想起來，還好當時是理性那一方獲勝，不然社會版新聞可能就會多一則：「〇〇市〇〇地區有外送員吃客戶豆腐、趁送餐點時騷擾……。」

拜託！請先穿衣服再出來拿餐

外送時遇到衣不蔽體出來拿餐點的，不太常見，我跑了快四年的外送，也只有遇到一次，就是這位薄紗客戶。差點就「脫單」的憲老弟也遇過一次，只是性別「好像」不一樣。

那次是憲老弟開始做外送的第一個星期，那單是一個在內湖區的客戶，憲老弟抵達客戶位置，看到一樓大門沒關，就直接走進去往上爬。到了客戶家門口，又看到門半開著，憲老弟便站在門口問：「有人嗎？」接著聽到客戶大喊：「你可以進來啊！」基於外送員的專業和禮貌，憲老弟沒有聽話進屋，只回說：「不好意思，可能不方便。」

這時客戶露出臉來，門後面是一個全裸的男生，憲老弟當下嚇傻眼。不只如此，客戶還笑嘻嘻的說：「哥哥，外送很辛苦欸，要不要幫你按摩一下？」嚇壞的憲老弟急忙拒絕：「不要！你錢趕快付一付，我要走人了！」

憲老弟的阿母是我在早餐店煎檯工作時的師父，我常常跟她聊天，聽她說算命算出來憲老弟這輩子是和尚命，會終身孤獨一人，讓我忍不住心想，難怪他都遇到比較特殊的客戶，脫單的路真的有點艱辛呀。

阿姨，我不想努力了

如果外送可以遇到脫單的機會，我也想遇遇看，我就有過這個想法，外送賺錢很辛苦，我不求不努力，只求有沒有哪個阿姨客戶可以讓我「少」努力幾年就好……然後就看到有夥伴分享，曾經遇到很佛心的阿姨客戶在系統上的備註留言：「餐點幫我放管理室就好，說是○○阿姨的就好。但是，『不想努力的話』可以送上樓……。」哇！真的有可以讓人不努力的阿姨，為什麼我都沒有遇到？

結果這個外送員真的就把餐點送上樓了，但也僅此而已，沒有發生什麼違反職業操守的事，還收到九百九十九元的小費，羨煞多人。

遇到這種客戶要求，是福利還是騷擾，全憑自己的感覺，但不管有無觸碰到身體，只要言語用詞會讓人（客人或自己）覺得不愉快、不舒服，就是性騷擾，豔遇是你想太多，惹禍上身比較可能。對我來說，外送轉交餐點的時間很短暫，有時甚至根本不會跟客戶碰到面，更不會多說什麼話，如果遇到了真的帶有騷擾意味的客戶，我反而覺得是「幸運」，因為遇到的機率極低，不是想要就可以遇到的，真的遇到了，會有中樂透的感覺，至於會不會覺得不舒服，等我遇到了再說吧。

TIPS

● 外送心聲

面交餐點時，請先穿好衣服，或許您對自己的身材很有自信，也或許您剛完成「人與人的連結」，還來不及恢復原狀，但是這會讓外送員受到驚嚇，眼睛不知道要看哪裡才好，我們也拒絕性騷擾！

04

不要放地上、又沒地方放的餐點

天才的外送員很多，但奇葩的客戶也不在少數。大家要明白，這是一個「麻瓜」的世界，不是魔法師的世界，不想面交，要外送員把餐點放在門口沒問題，但是沒有箱子、沒有平臺、沒有袋子、沒有掛鉤，然後說「餐點不要放地上」，小妹妹、小弟弟們，哥哥我不會魔法，沒辦法「揮一下、彈一下，溫咖癲啦唯啊～薩！」就使出漂浮咒（按：奇幻小說《哈利波特》〔*Harry Potter*〕裡的魔法），讓餐點飄在半空中。

我看過兩個很搞笑的放置餐點的方法，第一個是客戶要求「不要放地上」，外送員四周看了半天，門外沒有任何可以放餐點的地方，還在傷腦筋該怎麼處理時，無意間抬頭一看，發現在門框的最上方有一根突出來的竿子，就是那邊了！他就把餐點掛在那根竿子上，完成交付餐點。結果客戶把取餐位置拍照下來，傳到網路上，搞笑的發文說：「我沒有這麼高啦，放那邊，我拿不到啦！」想不到吧，外送員不是那麼輕易就被難倒的。

三角錐上的四碗泡麵

另一個是客戶跟賣場訂了四碗泡麵，而且沒有加買購物袋，然後在系統的備註欄寫：「放在門口的三角錐上就好。」讓外送員動動腦的時刻又來。既然客戶說放三角錐「上」就好，那就用「疊」的吧，一碗一碗層層堆疊，客戶訂的泡麵剛好大小都不一樣，就從大碗疊到小碗，不偏不倚、穩當當。

我自己也遇過奇葩的要求，但我的應對方法比較不貼心，是請客戶把「磚塊」放回一樓。那次是送手搖飲，客戶沒有加買提袋，我們通常也無法額外提供。客戶也是在備註上寫：「放門口，但不要放地板上，謝謝。」考驗我的時刻來臨。

爬上三樓，站在客戶的門口，心想：「沒袋子、沒紙箱、沒鞋櫃，啥都沒有，連門把都不能掛，這……是要放哪？」忽然想到，在一樓有看到磚塊，就拿了一塊上來放在客戶門口，然後讓三杯飲料排排站在磚塊上，還調整好完美的間距，再拍照並留言：「餐點已放置門口，謝謝。另外請記得把磚塊放回一樓，謝謝。」如果隔天有多一個負評，我猜很可能就是「磚塊」造成的。

延長線也能接餐點

新冠疫情爆發後，很多客戶都選擇「無接觸取餐」，降低與外送員接觸的機會，不接觸又要拿到餐點，客戶可以想出各種方法來取餐。就算沒有疫情，會叫外送就是不想出門，就連拿餐點也懶得動，惰性也會激發出創意無限的取餐法，客戶的取餐妙招總會出乎我們的意料之外。

那次是晚餐期間，外送員剛抵達客戶的地址，就接到客戶傳來訊息：「有看到大門口旁邊有一條延長線嗎？底部有綁一個籃子，餐點幫我放籃子裡就好，放好拉一拉延長線讓我知道，我會拉上二樓，謝謝。」

這真的太有創意了！我家也是住二樓，但是從來沒有這樣做過，自己不用出門，也不用要求外送員送上樓，就可以拿到餐點，好像很不錯。

最近還看到另一個更有意思的客戶，也是從二樓放籃子下來，但是客戶好像不想被人發現他叫外送，就傳訊息說：「我會從二樓吊籃子下去，請將食物直接放入籃內，謝謝。注意，抵達時請抬頭看二樓，不要說話、不用說謝謝，比手勢OK就好。我會提早搖手電筒閃光，讓你看見。」

交個餐點搞得跟情報員祕密行動一樣，只能說這些客戶真的太可愛了，真想跟他們說，可以的話請順便把小費放進籃子垂降下來，這樣我們會更樂意配合。

丟鑰匙，不是疫情嚴重才開始的

疫情還讓不少人居家隔離，不能與外界接觸，要送餐、送物資，如果是送到社區，有管理員可以幫忙代收，沒有管理員的公寓怎麼辦？指揮中心有提過，可以「把鑰匙丟到一樓」讓外送人員自己開門。我必須說，這個方法早在疫情爆發前就有人在用了。

聽外送夥伴分享過，有次送單的客戶住在三樓，他還在店家等餐點時，就接到客戶直接傳訊息給他：「抵達時請傳訊息給我，我再把鑰匙丟下去給你，你再自己開門上來放門口就好。」夥伴也回覆說好。

等到他抵達客戶地址後，客戶果然就把鑰匙丟下來，但夥伴試了半天，鑰匙卻怎麼都插不進去鑰匙孔，只好對站在陽臺的客戶說：「這鑰匙插不進去啊！」客戶回說：「怎麼可能？不可能！下午才剛有一個外送員送上來！」夥伴再繼續試，真的還是插不進去，只好問對方：「你要不要乾脆自己走下來拿比較快？」但客戶堅持鑰匙不可能有問題。

不知僵持了多久，最後客戶還是自己下樓來拿餐，但是他仍然不相信鑰匙插不進鑰匙孔，竟然就把大門關起來，要自己試試看是否真的插不進去。結果當然是插不進去打不開，客戶家裡沒有其他人在家可以幫他開門，他就這樣一個人被鎖在樓下門外……。

誰代收？是牠！

前面說到如果送餐到社區，有管理員可以代收，但是我們有遇過代收的不是人，是一隻柴犬。這個故事的客戶地址是在一樓，客戶備註：「請將餐點放置門口，請放在柴犬的眼睛看得到的地方，謝謝。」

這個要求很難保證餐點會不會半路出事，外送員不太放心，就回訊：「確定柴犬不會吃嗎？你要不要直接出來拿？」客戶竟然回覆：「柴犬訓練有素，不會偷吃。」一聽到連我都不禁懷疑，那隻柴犬抵擋得住誘惑嗎？主人是對牠太有信心，還是故意要訓練牠的定性？

客戶取餐時常常會出一些考題來考驗外送員，尤其在疫情爆發後，大家都盡量「無接觸取餐」，各種取餐方式更是出乎我們意料之外。有些方式可以合理推斷，客戶應該是不知道這麼做不可行，像是要求我們把餐點掛在門把上，卻沒想到從屋內開門轉動門把，餐點就會滑落變成「在地美食」，但有些方式就真的會讓我們不知該如何是好。

遇到這些取餐考題時，大部分的外送員不會這樣去破解客戶的考驗，因為耗時又傷腦，但也有比較貼心的夥伴，會幫客戶想個更適合擺放餐點的方法。我則是會把它也當成隱藏關卡，而且難度越高的考題，我的破解方法就越要讓客戶意想不到，破解之後的「爽」度和成就感，也算是我做外送工作的樂趣之一。

只要客戶能盡速取餐，不管什麼樣的創新取餐方法，我們外送員都能接受，或許有一天會出現用遙控車或無人機來取餐，我也不意外。但就是會有客戶喜歡等我們已經抵達了才姍姍來遲，或是態度傲慢、說話很不客氣，有些夥伴擔心收到負評會扣獎金，只能默默忍受，不敢說什麼。我們與客戶就是交付和拿取餐點的關係，沒有誰欠誰的，或誰高誰低，彼此多互相體諒，一邊盡快完成送餐任務，另一邊盡快享用美食，不是很好嗎？

TIPS

● 外送心聲

我們可以接受任何取餐方式，但前提是必須讓客戶拿到安全完整的餐點，如果不面交，請先準備好可以放置的地方（門把不是掛餐點的好地方），才不會讓餐點變成「在地美食」喔！

05

有些即刻救援，只有外送員能幫你

出門在外，難免會遇到尷尬的事情，像是吸氣時胸前鈕扣爆開、大庭廣眾之下求婚被拒、蹲下時褲子爆裂等，有些尷尬可以自己化解，有些尷尬可以依靠外送員救援。

卡在馬桶上的救援

有次我跟憲老弟聊到，他們公司有夥伴接過一張訂單的客戶地址是「〇〇大賣場」，訂單內容是一袋衛生紙。客戶在備註欄寫：「我在〇〇賣場地下一樓的廁所，下樓梯後右轉有個廁所，男廁，第一間。」

看來對方應該是在賣場上廁所，上完了才發現裡面沒有衛生紙，外面又沒有其他人能幫忙，尷尬了。好在現代人都手機不離身，一機在手，就有外送員幫你送衛生紙到手，而且不須「面交」，可以在完全不曝光之下，完美解除緊急狀況。

另一個緊急救援，是幫一個「被辣到」的客戶，這個救援行動是夥伴在網路上分享的。客戶訂了一瓶鮮乳，還傳訊息給外送員：「救命，我辣到快哭了，然後家裡牛奶還過期。」這位外送員也很溫暖，回覆安慰說：「救火隊快到了，再稍等一會兒。」想不到還可以找外送員幫忙解辣吧？我也想不到。

半路沒油時的救援

接下來這個也是夥伴分享的。當天是下雨天，雨天對我們來說是最棒的，因為願意出來跑的外送員少很多，但訂單又比好天氣時多很多。這位夥伴一如往常的不停接單、送單，在拚趟數獎勵，結果有張需要緊急救援的訂單就出現了。

這筆單是要送一瓶兩公升的飲料，一接下訂單，就看到客戶傳訊息過來，夥伴心想，這種立刻傳訊的，多半是要外送員幫忙買菸，不會有什麼好事，結果一看訊息內容：「下雨天辛苦您了，想麻煩您幫忙一下，我車子沒油……」，原來是客戶請外送員拿到商品後直接把飲料倒掉，然後去加油站幫忙買汽油裝在飲料瓶裡，再送至客戶地點。

從導航看來，外送員的所在位置、店家、加油站、客戶地點，每一段的距離都只要騎車三分鐘，不算太遠，這位夥伴就同意幫忙了。因為要多跑一趟加油站，最後總共花了二十分鐘才完成救援，但是他想到，自己也有過送單送到忘記加油的經驗，很能體會這種窘境，所以還是覺得很樂意。

人手不足時的救援

前面都是別人的救援故事，下面這個是我自己的。某天我接到一張賣場的訂單，本來很少接賣場訂單，但想說已經一陣子沒派單過來了，就決定接起來，滑開訂單明細，發現是「二十盒中華豆腐」。到了賣場，我邊把豆腐裝袋，邊納悶什麼客戶會訂這麼多豆腐呀？旁邊有個正在撿貨的店員說：「有可能是賣炸物或滷味的，才會一次叫這麼多。」

等到抵達客戶地址時一看，還真的是個炸物攤，只有老闆獨自一人在備料。完成交貨後，我稍微在攤子前面晃了一下，看到攤子上的食材都還沒有補齊，就問老闆：「老闆，你攤子上還缺好多東西耶，怎麼不趕快叫員工來幫忙備料？」老闆說：「員工還沒有上班，我自己慢慢來。有些缺的是我忘記買，只好暫時叫外送幫忙送過來。」

還好我送達的時間有趕上炸物攤要開始做生意的時間，算是有幫上老闆的忙。下回如果看到外送員在滷味攤或鹹酥雞攤，他們很可能不是來買吃的，而是來送貨的。

請支援番茄醬

有夥伴接過一張連鎖早餐店的訂單，接單後看到客戶備註寫著：「麻煩番茄醬，我需要營業用的大包，謝謝你老闆最帥了！老闆娘最棒了棒棒！好吃到我都罪惡了。」

取餐的時候，店家除了餐點之外，還給了外送員一大包番茄醬，說要跟餐點一起交給客戶。才知道客戶是同個連鎖早餐店的另一家分店，發現番茄醬快用完了，店裡沒有存貨，就跟別家分店調貨，但是沒有人有空過去拿，店員就很聰明的用外送平臺點了對方的餐點，然後請外送員「順便」把番茄醬一起送過來。

這種剛剛好順路的救援，只是舉手之勞，我覺得很可以幫，大部分的外送員也都會幫忙。但因為必須挪出空間來放東西，而且外送員幫客戶省下了跑一趟的時間，所以並不是每個外送員都願意「順便」，如果有要求客戶付小費，來購買自己幫客戶省下的時間，也是合情合理的，畢竟「使用者付費」。

TIPS

● 外送心聲

外送員的工作，就是外送客戶在平臺上訂購的餐點或商品，其他的事情都不是我們「應該」做的，雖然夥伴們多半會願意幫忙，但完成之後也請客戶們別忘了您「應該」支付的服務費。

06 遇到無理取鬧的客戶，認真就輸了

外送員、客戶、店家、外送公司，都是靠系統派單、接單、互相聯繫，系統的穩定性就很重要，但是從我當外送員快四年以來，系統出問題的機率不算低，經常派出外送距離三、四十公里的單，讓外送員寧願沒錢賺也不想倒貼油錢就算了，有時甚至還會引起客戶與外送員之間的糾紛，讓客戶瞬間變奧客。

若起紛爭，先留存證

有次有個夥伴在客戶地址等了很久，好不容易等到客戶出現，交付餐點時他好心提醒對方：「不好意思，您那邊是不是收訊不好，訊息和電話都沒回應，如果

收訊不好，下次您可以留市話，或者備註可按電鈴之類的，我在這裡等了十多分鐘，餐點都冷了。」

沒想到客戶回嗆：「那是你的問題吧！我的手機沒有響過啊！」外送員說：「可是我打了五通欸！」邊說邊把手機拿給對方看，結果對方火氣更大了：「啊就沒有響啊！明明是你的問題！你已經遲到十幾分鐘還這種態度，是怎樣？」

聽說這個夥伴覺得，再講下去就真的要跟客戶翻臉了，他不想浪費時間就轉身要走，沒想到對方竟然追上來繼續糾纏，一直重覆飆罵：「你什麼態度！」、「給我站住！」、「下次不會再訂餐了。」罵到最後，對方還動手用力推他，結果一百七十六公分高、一百公斤重的外送員沒被推倒，反而是動手的人自己重心不穩跌倒，最後還心有不甘，要告外送員傷害。

跟奧客爭執？離開現場較明智

客戶有沒有真的提告我不清楚，但就算真的告了，公司也會出面了解事情的來龍去脈，分析嚴重程度，提供外送員或客戶必要的幫助。

這個夥伴遇到的是客戶情緒管理不佳，而且還先動手，就算對外送員提告，應該也無法成功。而且夥伴只是盡自己的工作義務，將餐點安全送達且通知客戶取餐，一切都照標準程序走，沒有跟客戶互罵，也沒有碰觸對方，就算要提告，也應該是夥伴告客戶，不過大部分的外送員都不會這麼做，與其花時間去爭執，不如把時間拿來多跑一張單、多賺一點錢。

外送員的時間可能比您的寶貴

雖然外送員都覺得，客戶希望餐點越快送到越好，最好是下單後十分鐘就可以拿到，這種妄想很過分，但是更「奧」的是，還有嫌我們「太早到」的客戶。

剛開始跑外送時有聽說過，有客戶在備註上強硬指定抵達時間，像是「要準時七點三十分送達，太早到拒收給負評，太晚到也拒收一樣負評。」這種客戶都會讓我們很不以為然，以為外送員是你的專屬傭人嗎？而我就遇到了一次。

那天是跨年夜，是一張麥當勞的訂單，客戶指定「準時八點整」抵達。偏偏跨年夜是外送界最混亂的日子之一，店家幾乎都是爆單的狀態，無法預估要等多久才拿得到餐點，想要準時抵達更難，但我這次運氣很好，抵達店家時，我要取的餐點就已經做好了。

因為店家和客戶的距離很近，我從拿到餐點送至客戶手上，只花了十五分鐘，比客戶要求的「八點整」提早二十分鐘抵達。客戶看著我說：「不是說要八點再送到就好嗎？現在怎麼辦？」我說：「看妳呀！要放著還是吃掉，妳自己決定。」說完我就走人奔向下一張訂單了，同時心裡想：一張單才賺四、五十元，難道要我抱著餐點空等二十分鐘到八點整嗎？這二十分鐘我都可以再接不只一單了，還是妳要再付錢買我的時間？

遇到這種莫名其妙要求的客戶，我都會用金錢至上的角度去想，錢包的厚度決定時間的準度，如果先匯三、五千元的小費給我，我可以分毫不差的準時送達，如果沒有額外付費，又要要求「指定時間、準點抵達」，那就只好請客戶運用自己的雙手、雙腳去買，要知道，外送員的時間比你的還珍貴。

既然說到覺得外送太快到的例子，那就再講一個，不過那次客戶的反應不是不高興，反而是有點高興。那張訂單是要送到一間位於山區的廟宇，通知客戶取餐時，對方竟然很驚訝：「你也太早抵達了吧？通常下訂單之後，我都要等一小時才會到。」我解釋：「那是因為要走山路而且距離太遠，沒有人要接你的訂單，才會等這麼久。」客戶恍然大悟之外還高興得多給了小費。在大多數客戶都是對「越快送到越好」求而不得時，能夠遇到提早送到、太快送到的外送員，就要像山區廟宇這位客戶的反應才對嘛！

外送員並不「應該」知道的事

會是奧客，通常都是想法異於常人，像有些客戶會認為，我們除了外送之外，「應該」還要知道其他事情。有夥伴送餐到某個大學的宿舍，由於校區裡有好幾棟宿舍，所以他就打電話詢問客戶，〇〇舍是在校區的哪裡，結果大學生竟然回他：「你們怎麼可能會不知道在哪，外送員不就是要『一個傳一個』嗎？每次都要問我們在哪，你們真的很沒效率耶！」

先不說這位大學生的禮貌令人擔憂，思考邏輯也大大的震驚了我，怎麼會認為外送員應該要知道所有事情？我們外送員之間基本上都互不認識，每個人都是單打獨鬥，跟店家取完餐後就趕著送餐去，沒有時間交換情報。而且我們每次送餐的客戶位置和餐點也幾乎不重複，不會特別去記哪個客戶在哪裡、要怎麼取餐，所以請大家千萬不要有和這位大學生一樣的奇怪認知。

還有另一個夥伴分享，他到店家取餐後打電話詢問客人地址：「您好！我是○○的外送員，想請問您那邊是○○街○○號嗎？」對方回答：「就在那個超市那邊啊，你『應該』知道吧！」夥伴再問一次：「請問是在○○街上嗎？」對方開始不耐煩：「對啦！○○街很短，你怎麼會不知道呢？」

外送員雖然滿街趴趴走，但不是整個城市的每條路都很熟，就連開計程車的運將大哥，都會有不熟某些區域的時候了，更何況多半只在固定區域跑單的我們。一些特定的區域或是當地特殊的指標，只有在地人才知道，外送員只是依照客戶打在系統裡的地址，跟著導航的方向走，真的不會去記哪條街上有幾家超市、哪棟宿舍在校園的哪裡。

每個人的認知、觀念不同，所以會有各種誤會、有理說不清的狀況，客戶的「應該」，對我們來說反而是不合理的要求。既然各家外送公司都有明確的遊戲規則，就請大家照著標準作業流程走，清楚輸入您的地址，才是最有用，可以最快送達的方式。

TIPS

● 外送心聲

雖然外送系統會預估外送抵達客戶的時間點，但是會早一點到還是晚一點到有很多變數，可能店家太晚出餐，也可能路上塞車，如果您希望可以準確在〇〇點〇〇分拿到餐點，建議您自己出門去買比較快喔。

07 不只外送，還附送心意

前面有說過，外送員的工作，就是把客戶在平臺上訂購的餐點或商品，送到他指定的地點，如果有送餐之外的要求，依照公司規定是可以拒絕的。不過，如果客戶的要求不太花力氣或浪費時間，我們也還是會幫啦。

有夥伴在網路上分享，她接到一張單的客戶地址是棟公寓，備註寫著：「會下樓拿，快到時請來電或訊息通知，謝謝！」夥伴在客戶家一樓等對方下來拿餐，結果下樓來取餐的是一個小男生，一看到她就問：「我剛剛看了恐怖片，現在不敢自己上樓梯，妳可以陪我一起走嗎？」

夥伴聽了滿頭問號，不過因為那是當天跑的最後一張單，陪一下小弟弟上樓也沒差，而且對方是小孩子，應該不會有什麼安全疑慮，就同意了。爬樓梯的過程中，弟弟還很天真的問她：「炸雞薯條真的很好吃耶！妳要不要聞看看？」一直找話跟她聊天，結果不需要送上樓的單，還是在這個陪爬樓梯的額外服務中爬了一半，但夥伴也不認為自己虧了，反而覺得這個經歷有點可愛。

愛在心裡口難開，外送幫告白

外送員的工作不僅僅是送餐，有時候還會扮演示愛小幫手。有夥伴接到一張外送蛋糕的訂單，客戶地點是公司行號，原來是那家公司經理的老公送給老婆的生日蛋糕。

根據夥伴的說法，他抵達客戶地點時，女經理正好在訓斥員工，但因為客戶的備註有寫：「請幫忙唱生日快樂歌。」身為使命必達的外送員，就算眼前是這麼尷尬的場面，還是配合完成指示，就拿著蛋糕對著女經理唱：「祝妳生日快樂~祝妳生日快樂~祝妳生日快樂~兒~祝妳生日快樂~」。

本來挨罵的員工大概是想把握這個機會轉移目標，也跟著一起唱，搞得女經理也訓斥不下去了，害羞的說：「好啦！快去做事啦！」外送員意外的來了一次神救援！

還有一次是遇到兩個曖昧指數到達頂點的客戶，外送員直接化身「愛神邱比特」。那是男方訂了十一朵玫瑰要送至女方的住處，並在備註中寫道：「請幫我說給女生聽：『〇〇，我很喜歡妳，我想今後每年的聖誕節都跟妳一起度過，讓我們的故事從今年的元旦開始，我愛妳，╳╳』。」

雖然遇到幫忙告白的要求，外送員多半會使命必達，不過這次夥伴沒有說出口，只是轉述了客戶的心意。但我想也還好沒有說出口，又不是外送員喜歡的女生，要說出客戶指定的那些話超怪異的。很想建議男方，大器一點，下回一次訂五張十一朵玫瑰的單，這樣一次來五個外送員，把告白陣仗擺出來，五個外送員一起助攻，沒問題的！

我的外送經驗裡還沒有當過邱比特，倒是碰過幾個客戶互相訂餐給對方的「遊戲」，現在想起來，她們好像是在玩聖誕節的交換禮物。

那次的訂單備註上寫：「請直接給三樓的〇〇小姐，請不要說是誰送的。」

一開始有點懷疑這張單沒問題吧？為什麼不要說是誰訂的？但想想反正有單就接，有餐就送，不用管這麼多。

到達客戶地址，出來拿餐點的小妹妹似乎已經等很久了，看她臉上難掩的興奮表情，我不禁好奇詢問：「妳們是在玩遊戲嗎？交換餐點？」妹妹說：「對啊！就四個人互相點餐給對方，好玩的是不知道會收到什麼餐點，很期待。」我驚訝外送竟然可以這樣玩，真是第一次聽到，小妹妹們很有創意。下次聖誕節交換禮物，如果不知道要送什麼，外送是您的好選擇！

打小強加值服務

還有夥伴提到有次她接了一張單，餐點內容只有一個小小杯紅茶，然後就接到客戶的訊息，想請她幫忙「打小強」：「請問你敢打蟑螂嗎？剛剛家中突然出現很大隻疑似蟑螂的蟲，我們兩個女生都非常害怕，不敢出房門。」還說如果可以幫忙，會另外給小費。會給小費就好辦事，夥伴不囉嗦，霸氣回覆：「給我拖鞋。」

願意另外支付打小強的錢，我想不怕蟑螂的外送員都會幫這個忙，再大膽一點的，可能連壁虎、老鼠、蜘蛛都可以幫忙抓。我們曾聽說過，有外送公司似乎真的有想要增加外送之外的服務項目，但是不知道他們打算增加什麼服務，也不知道會怎麼計算客戶的費用和給外送員的金額，不過以現在有這麼多奇奇怪怪的額外要求來看，或許哪天真的會出現加值服務讓客戶選購。

不幫忙，有時是顧慮食物安全

如果要我們額外做的是幫忙成全美事，我想大部分的夥伴都會願意當一下幫手，但如果要幫的是客戶自己都嫌棄的事，要求就有點太超過了。有夥伴遇到客戶要求他幫忙丟垃圾，他也因為反正要下樓，就順便幫一下，但如果是我遇到這種要求，是絕對不會答應的。

因為是「垃圾」，不知道裡面裝些什麼，上面有多少病毒，我們在運送的東西，絕大多數是食物，也很少有機會洗手或用酒精消毒雙手，拿完垃圾再繼續拿餐、送餐，衛生堪慮。

外送員其實很怕看到客戶有奇怪的要求，像是幫忙餵狗、幫忙採買訂單上沒有的商品、幫忙告白等。我們的本分就是取餐、送餐，除此之外的事情雖然大部分的夥伴都會配合，但不代表就可以要求每一個外送員、每一次都要幫忙，因為我們的時間真的很寶貴。

TIPS

●外送心聲

外送員運送的絕大多數是食物，而且大部分的時間都在騎車，很難隨時洗手或噴酒精消毒，倒垃圾、餵狗、搬東西這些有衛生顧慮的事情真的不適合幫，還請見諒。

08

人客啊，別把情緒和智商洩露給外送員

在我的認知裡，一直以為只有在遊戲或者社群裡，才會出現各種奇奇怪怪的名稱，像是「煞氣ㄟ某某」、「乂〇〇乂」、「卍〇〇卍」之類的。沒想到那完全是我的見識太少、想法過於單純，當了外送員才知道，外送的客戶名稱也是千奇百怪，什麼都有。

「得爬五樓，不爬棄」、「外送員拜託送上樓，謝」、「熱褲刑警，特殊刑事課」、「看三小，×」、「送來的都是87（按：白痴的諧音）」……別懷疑，這些都是客戶的自訂名稱。還有因為公司規定可以一次接兩張訂單，所以出現客人的名字是「疊單負評，試」；甚至連周星馳電影裡的臺詞：「一鄉二里，共三夫子不識四書五經六義（按：正確應為六藝），竟敢教七八九子，十分大膽」，都出現在客戶名稱欄位。

不知道這些名稱是說出客戶心聲，還是想嘲笑外送員，不過看到越奇怪的名字，我們反而越開心，還會截圖下來，貼在外送員的群組裡給夥伴笑一笑，減輕一點生活壓力。

惡搞名字嗆不到我們，只會被笑

客戶藉用名稱說出心聲，我覺得很可以，生活壓力總要找個出口，但如果是要藉機嘲笑外送員，那大可不必，而且最後也是罵到自己。

會取「看三小，×」這種名稱的人，大概以為可以嗆到外送員，但是看在我們眼裡，只會覺得被嘲笑的是客戶自己，笑他不知道餐點要等多久才會送到，等到最後可能被店家取消訂單都不一定。「送來的都是87」這個名稱也是，想請問取這種名字的客戶：您有想過點餐的人也是87嗎？如果送餐的人是87，那取餐的人不也一樣？以為取這種名稱很嗆、很殺，反而暴露出自己的愚蠢。

如果要惡搞名稱，我覺得外送員倒是可以取一個很不錯的名稱：「翼城篠．費」（一成小費的諧音），又有日式動漫的感覺，又很簡單明瞭的直接點出外送員的心聲。在公司不停調低外送薪水的情況下，我們最需要的就是小費，其他多說無益，只可惜申請成為外送員的文件審核需要用本名，所以這個名字也只能夥伴之間開玩笑說說而已。

不寫地址，地標提示不能只有你們懂

取怪異的客戶名稱，我可以理解為，是客戶想發揮不太好笑的幽默感，反正不妨礙我們送單賺錢，不理會就好，但是連地址都不好好寫，讓我們不知道要把餐送去哪裡，這就真的讓我忍不住想問候一下：這位客戶，您還好嗎？

前面講過，為了找到客戶，我曾經在大學門外數路燈，大型社區裡團團轉，如果這些用前菜來比喻，那下面這種客戶地址就是主菜了，通常外送夥伴看到主菜上桌，都會舉白旗投降。

我印象最深刻的例子有兩個，第一個是地址只寫了兩個字：「我家」，就這樣，沒了。當時看到這個地址超傻眼，心想：我知道要送你家啊，但是沒有地址，我怎麼知道你家在哪啦？是要叫我去觀落陰嗎？

第二個地址也是只寫了兩字：「阿培」，就沒了。看到這個名字時，我腦子瞬間衝出一大堆問號：哪條路的名字有「培」字？阿培是店名嗎？還是賣培根的地方？完全摸不著頭緒，只好先傳訊息給對方詢問正確地址，還好「阿培」有看有回覆，但也是浪費了好幾分鐘時間。

不是客訴，落落長我愛莫能助

說完了名稱和地址，客戶的備註也是常常充滿驚奇。每個人都有不喜歡吃、極度厭惡的食物，像我自己就很無法接受酸的食物，雖然很開胃，但我就是不愛。有次看到客人備註餐點，寫了一大串，就只是為了「不要香菜」。

「法國麵包不要香菜不要辣，每次寫了備註都沒有要照做餐點，再讓我看到香菜在我的麵包裡，我就拿枸杞去你家問你：『是否要補眼睛。』我真的氣到要不是因為真的沒有什麼東西可以吃，我也不會想要點你家的東西。」能用香菜換枸杞，不知道是划算還是不划算。

看到這氣噗噗的備註，我趁等餐點時偷偷觀察了店家一下，感覺老闆和員工似乎都是越南人，有些員工看不懂中文，就照正常程序很順手的加配料，也就難怪客戶一直吃到有香菜的餐點。

除了落落長的香菜備註，還有更長的薑絲備註。這個備註內容是：「請給我醬料謝謝，如果有一些殭屍會不錯。不是殭屍喔是殭屍是殭屍。因為我用語音訊息（略）所以我要殭屍殭屍不是殭屍（略）就是有一種植物叫做將（略）切成細細的詩（略）」

整個備註總共三百四十五個字，「薑絲」一直說成「殭屍」，看得我眼睛都花了，懷疑店家會全部看完，然後知道他要薑絲嗎？手機的語音系統本來就不是很好用，錯字不少還會一直跳針，再加上「薑」跟「殭」的發音一樣，很想勸這位客戶還是用打字的比較快，就不要再執著語音了啦。

最後真心奉勸大家，心情不好，可以找地方發洩，打電動、運動、去旅遊、找朋友聊聊，都是好方法。外送員不是客戶發洩情緒的好對象，而且是最不希望送餐過程中有任何差錯的人，請體諒我們賺的是辛苦錢。如果您真的無法冷靜，建議找專業的心理諮商，而不是找外送員，我們的專業不在這裡。

TIPS

● 外送心聲

我們一點都不在乎客戶名稱有多嗆，再「殺」的名字也只會成為夥伴之間談笑的話題，互相尊重是出來走跳的基本禮貌，我們外送員都知道，相信聰明的客戶們一定也都懂這個道理。

09

送錯了比送慢了還要命

外送員的時間就是金錢，所以沒有夥伴會想要延遲送達餐點，會晚到，不是因為店家延誤出餐，就是客戶地址寫得不夠清楚，過錯真的不在我們，若因為「送慢了」而把怒氣衝向外送員，我們真的很無辜。但如果是「送錯」餐點，我們就很難推卸責任，遇到這種情況，其實我們自己也會很「挫」。

送錯餐的教訓，一輩子都記得

那次是送一家美式炸雞餐廳的餐點，而且是疊單，兩單一起送。送達第一個客戶時，我應該是在恍神，也可能是被旁邊的貓咪吸引過去，沒先核對單號就直接把餐點拿給客戶，之後就出發去送第二單。到了第二個客戶的地址，拿出餐點瞄了一眼訂單編號，大驚：「咦？訂單編號怎麼不一樣？糟糕！送錯餐了，完了完了！」就急急忙忙的又衝回去找第一個客戶，把餐點換回來。

因為沒有先跟第二單的客戶說一聲，她大概是看到系統顯示外送員已經到了，卻過了很久都沒有通知她取餐，就傳訊息來問：「不是已經抵達，為什麼又離開了？」我只好坦承：「我把妳的餐點送錯了，現在去將妳的餐點取回。」客戶秒回：「你怎麼能確認餐點沒有被人動過，應該跟店家要求重做一份才對吧！」

本來慶幸第一位客戶有發現我送錯餐，所以整份餐點都沒有動過，保持一開始送過去時的樣子，我就把餐點送回店家，請店家作證且打電話給客戶，這份餐點沒有被食用過，確定是沒問題的。但客戶不接受，堅持要店家重新做一份，這個要求我無法反駁，因為真的是我疏失送錯餐，所以也只能自掏腰包，請店家重新製作再送過去。

原本從第一單的客戶到第二單的客戶，只需要不到十分鐘，這下花了四十分鐘才送達第二單，客戶不只臉臭炸，甚至還氣到不太想收下餐點，最後當然還是有收下，只是很氣噗噗的甩頭走掉。

在這裡我要向第二單的客戶說聲抱歉，是我的錯，下次絕對不會了。這次可怕的經驗重創了我幼小的心靈，之後我每一次交出餐點之前，都會再三確認人、單號、地址，這已經是一年八個月之前的事，直到現在都還印象深刻，而且我想我會記得一輩子。

賣場商品送錯不容易，遇到算好運氣

我知道很多外送員都不喜歡核對訂單，覺得花時間，我也是，尤其是包裝已經打好結的、無法打開的餐點，都是整包拿了就出發外送去。也就是因為這樣，才會導致之前送錯餐的狀況出現。

在發生前面那個事件之前，我唯一會清點品項的，就是賣場的商品，因為只是用購物袋裝起來，很容易確認商品有無缺少。不過就算商品已經直接攤在桌上，還是有外送員懶得確認，像下面這個客戶分享的狀況。

她本來訂購的是要做「馬鈴薯燉肉」的食材，購物袋上的外送清單也清清楚楚的寫著「青蔥、馬鈴薯、梅花肉」，但收到的商品卻變成玉米筍、四季豆、鱸魚、蛤蠣和A菜，跟馬鈴薯燉肉一點關係都沒有。發生這種事只能說這位客戶的運勢太強，不只遇到賣場的員工累了，把外送單貼在錯的袋子上，還加上外送員也沒有核對商品，雙重出錯，去買張樂透說不定會中獎。

對單不是浪費時間，是負責任

在沒發生炸雞事件以前，我必須自首，我是真的沒有在對單，不管是跟店家取餐，還是送餐給客戶的時候，一方面覺得麻煩，另一方面也想節省一點時間。送錯餐之後就知道，這樣趕那一、兩分鐘結果出錯，收拾殘局反而更花時間，其實很沒必要。而且，如果取餐時拿成其他夥伴的餐點，也會造成對方的麻煩，不但要聯絡客戶，還要等店家重做一份，或是等被拿錯的餐點再送回來，這樣浪費的就不只是一個人的時間，而是四個人的時間（拿錯和被拿錯的外送員，和等不到正確餐點的客戶）。

被送錯餐的客戶會生氣客訴，也是理所當然，但還是有不少比較和善的客戶，只想拿到自己想吃的餐點，並不在意回報客服後會不會退錢，甚至還會擔心店家或外送員會不會被扣錢。幫客戶對單不是在偷懶，晚幾分鐘送達，相信客戶都會體諒，將正確的餐點送達正確的客戶手中，多用心一點，是必要的，也絕對值得。

TIPS

● 外送心聲

取餐和交付餐點時要核對品項，的確是我們外送員的責任，不能用想節省那一、兩分鐘來當藉口。所以也想勸告夥伴，該做的流程還是要做，免得出錯還要再花時間挽救，「欲速則不達」這句老話還是要信呀。

10

少餐，我們該負責；代買，請恕我拒絕

自從有了送錯餐點給客戶的那次經驗之後，我養成每次取餐、送餐時，都一定核對餐點內容的習慣，所以連少餐給客戶的狀況都沒再發生過。但在那之前，我有過兩次少餐經驗，兩次都是下雨天，都是麥當勞……。

少餐就是被偷吃？外送員才沒空！

麥當勞的薯條剛炸起來時，熱呼呼、外酥內軟，加不加鹽都好吃，令人垂涎欲滴，讓有些客戶懷疑外送員取餐後會偷吃。那次我抵達客戶的檳榔攤，將餐點安全的交給客戶，以為可以順利撤退，沒想到客戶說：「等一下，我先確定餐點的數量有沒有少，因為上次送來的有少兩包薯條。」我行得正，坐得端，不怕客戶檢查，很乾脆的說：「好，我等妳。」結果這位客戶的餐點再一次的少兩包薯條。

客戶用質問的眼神看著我：「你是不是偷吃掉了？上次少兩包，這次也少兩包！」我嚴正否認：「如果是我偷吃，我買十包薯條還給妳，但要先請妳打電話詢問麥當勞，是不是他們有少放薯條進去！」哥的外送氣魄可不是一天、兩天，沒那麼容易被妳嚇倒。

客戶聽了我的話，真的打給麥當勞：「喂，是麥當勞嗎？外送員剛才送餐抵達，我發現薯條有少兩包，他說不是他偷吃的，請問是你們少放嗎？」我看她一邊聽電話另一頭的回覆，一邊表情慢慢變化，看來真的是麥當勞少放了，還我清白，客氣請她等下一位外送員補送兩包薯條過來，我瀟灑的先告退。

第二次少餐不僅是少薯條，還少了雞塊，這次客戶是一個全身刺青的兄弟，眼神不只是質問，還有殺氣。兄弟說：「你但幾勒，哇垮乾無ㄍㄧㄢˋ。侯！哩燦啊，ㄍㄧㄢˋ冷包薯條，啊購無雞塊。」（你等一下，我看有沒有少。齁！你慘了，少兩包薯條，還有雞塊。）

我心想，怎麼又來了！麥當勞又漏給東西！兄弟江湖味外漏，那我也只好霸氣十足：「我那係偷呷，哩面吼哇吉，哇洽哩！」（我如果偷吃，你不用給我錢，我請你！）於是兄弟默默的拿起手機，開始撥打麥當勞電話，同樣的劇情再來一遍，這次客戶也摸摸鼻子再等下一位外送員，而我也安全完成訂單。

那陣子大概是餐點被偷吃的案例太多，後來麥當勞的外送餐點包裝都有貼膠帶，以防被偷拆、偷吃，但好幾次最後都發現，是路人或管理員偷吃的。所以我要再強調一次，外送員不太可能花時間拆包裝再復原，只為了吃幾根薯條，成本根本不划算，那些時間拿來跑單比較實在。

大吉大利，今晚吃雞……雞呢？

下面這個少餐的例子是發生在賣場訂單，而且少掉的商品是最重要的「主菜」。夥伴到賣場取貨時，店員就有提醒他商品有缺項，但在我們外送員眼裡，缺項很正常，每天都在發生，所以夥伴也沒想太多，拿到貨就立刻朝客戶騎去。

到了客戶地點，準備交貨，夥伴不經意瞄見客戶雙手在用力，看起來是準備迎接很有分量的東西。客戶接過購物袋後很疑惑：「咦？怎麼這麼輕？」夥伴才想起來：「對喔，賣場的店員跟我說有缺項。」客戶翻了一下袋子：「雞勒？怎麼沒有雞？啊我要燉雞湯的ㄟ！」夥伴回答：「對，就是缺這隻雞。」燉湯的材料包全部到齊，唯獨那隻雞沒到。

客戶愣住了，夥伴也不好說什麼，只好趕快告退：「有問題請找客服喔！謝謝，再見！」大吉大利，今晚吃不到雞！

不管是菸還是套，代買就是為難

跟餐廳店家訂的餐點有少，雖然主要責任在於店家，但也不是就完全不關外送員的事，因為取餐時要確實核對訂單內容，是我們的責任之一，沒有做到實在抱歉。但另一方面，要外送員加送訂單上沒有的東西，這就真的不是我們的責任了。

如果問我們最常遇到客戶要求「順便」什麼事，那就是請我們買菸，而且會這樣要求的客戶還不少。在這裡我想跟客戶們說：請外送員額外代買東西，其實非常的「不順便」，若是遇到像我這樣只接刷卡付款訂單的夥伴，通常不會帶太多現金在身上，就更不可能幫忙代買了。

有次外送生魚片到某間旅社，我還在前往客戶地址的路上就接到訊息：「請問可以幫我買〇〇的香菸嗎？我會給你香菸的錢。」我依照自己的慣例回覆：「我身上沒有帶現金，所以沒辦法幫你買。」

通常這樣就可以讓客戶停止要求了，我身上就沒錢，怎麼幫你買？但這位老兄又繼續傳來：「那你可以去領個錢幫我買一下，又不是不給錢。」這下把我惹火了：「先生，我的工作是確保你的餐點安全送達你手上，其他沒有下單的商品，我沒有義務要幫你購買。」或許客戶也覺得自己的要求有點過分了，就沒再「盧」下去，說他再自己想辦法。

除了買菸，我還遇過請我代買「套」的。當時我在家上線等派單，手機響起，看到訂單是要去連鎖藥妝店，商品項目不外乎就是保養品、化妝品什麼的，很平常。到店家拿完商品，準備發動車子，突然客戶傳來：「請問方便幫我買一盒〇〇牌的保險套嗎？」我回覆：「抱歉，身上沒有現金，沒辦法幫忙。」客戶秒回：「好吧！謝謝。」

我不是怕尷尬，是真的愛莫能助呀。

TIPS

● 外送心聲

我們一點都不會想偷吃客戶的餐點，真的想貪小便宜，員工餐就已經夠多了，如果您的餐點常常被偷吃，在懷疑我們之前，請先觀察一下您的鄰居或管理員⋯⋯。

11

綠色與粉紅（偶爾還有橘色）與外送員之間……

小綠和小粉都有自己的超市，賣的商品和那些知名連鎖超市差不多，已經有些客戶習慣在這裡買東西。不過超市配送的訂單距離都是一等一的遠，遠到沒有外送員願意送，大家都想「讓單飛」。

有一次我接到了自家超市的訂單，外送距離在三公里以內，符合我的接單標準，決定接單。滑開配送一看客戶地址，這不是另一家公司的超市嗎？小粉超市會訂小綠超市的商品，這是什麼情況？想調查對方賣得多便宜？還是測試外送員多快送達？心想既然要測試，當然不能漏氣，油門催落去，小路、巷子通通鑽起來，不過遇到紅綠燈還是乖乖停下來，絕對遵守交通規則。

這單用了我外送生涯中最快的速度送達，但是送貨上樓時其實滿傻眼的。因為從門口往倉庫裡看過去，琳瑯滿目的商品應有盡有，自己的倉庫都幾乎爆倉了，卻去訂另一家外送公司超市的商品，這是打著什麼主意？可惜我一個人在敵營沒膽問，如果有小粉超市的人看到這裡，可以讓我問一下嗎？是覺得我們的商品比較有特色？外送員比較帥？我真的好想知道！

外送不只工作自由，連外送箱都很自由

在路上，有時候可以看到一輛機車上，綠色和粉紅色的外送箱一起出現，免懷疑，這位夥伴是「兩間公司一起跑」。這還不算什麼，我看過三間公司一起跑的外送員，車上有三個不同顏色的外送箱，粉紅色、綠色之外，還有一個橘色的，還大、中、小三種尺寸都有，中的放腳踏墊，大的和小的放在後座，用彈力繩固定住，龍頭上架了兩個手機架，插著兩支手機，加兩把遮陽擋雨小雨傘，很壯觀。

把整輛機車搞得像戰車一樣，但在這些箱子的背後，也只是為了多接幾張單，多賺一些錢。如果要問，兩支手機、三個外送介面，不會搞混餐點和客戶嗎？我是

有聽過，能有本事這樣接單的人，自然有本事規畫好路線和區分餐點，不然光是綠色和粉紅色的餐點商品就夠混亂了，還要再多加一個橘色，想要不找錯客戶、送錯餐點，真的太困難了。

不過裝備這麼多外送箱，也不表示這些夥伴就是每個外送系統都接單，因為大部分的外送公司不會限制外送員一定要用公司的箱子，有些夥伴跳槽後，看舊公司的外送箱沒壞就直接繼續用，不再花錢買新公司的箱子。所以大家可能會看到穿粉紅色制服的卻用綠色的箱子，或是背著橘色箱子，到店家卻是提走放在綠色牌子下的餐點，不用覺得奇怪，大家都是因為能省一筆是一筆。

外送員之間，是夥伴也是對手

不同外送公司的外送員之間，其實很少交流，畢竟公司不同，彼此總會有些競爭意識，但偶爾還是會遇到比較熱情的人，會主動找人聊天，這時不管聊什麼沒營養的內容，都會覺得溫馨。

有次我送完最後一單準備回家，在等紅燈的時候，就有個小粉的夥伴騎過來停在我旁邊問：「你的手機雨傘超大、超醒目，在哪邊買的？」我說：「菜市場，而且還有很多顏色。」對方又說：「你們現在一單多少錢？像我們目前就是一單五十元而已。」我說：「至少比我們多，我們都才只有四十元起跳。」話還沒說完，綠燈就亮了，兩人各分東西。

我們聊的內容很無聊，但在孤單的外送路上，能有熱情的夥伴講兩句話，還是覺得很高興。有時候我送餐到客戶處時，如果看到對方也有外送箱，就會稍微問候一下：「你也是外送員喔？」然後互相說聲：「辛苦了。」這感覺就像是看到家人一樣，能夠互相體諒、互相打氣。另一方面，兩家公司的外送員，也會在休假期間互訂對方的餐點，想試試對方的外送品質如何、外送時間多久等，所以外送員之間，又是夥伴，又是競爭對手。

「只有做過外送員的人才知道外送員的辛苦」，這句話我贊同，沒有經歷過風吹雨打日晒的考驗、沒有遇過奧客的奇怪要求、沒有遇過店家的惡意拖餐等狀況的，就不要說自己當過外送員。

TIPS

●外送心聲

或許我看起來很冷漠、很害羞、很匆忙，但是拚命接單送單之間停下來時，也會想跟人簡單交流、說說話，只要聽到一句「辛苦了」，就會覺得很溫暖。

第3章

外送是江湖，真實水滸傳

01 有些餐不宜外送，勉強會讓期待落空

漫畫《頭文字D》裡的主角藤原拓海，靠著一杯水練出了「排水溝過彎法」；我阿爸，靠著四十年的計程車經歷，練出了「起步不抬頭，減速不點頭」。

因為牛頓第一運動定律「慣性」的原因，不管騎車或開車，如果油門一開始催太大力，乘客們就會向後躺（抬頭）；反之，在行駛中突然減速太快，乘客就會向前傾倒（點頭）。作為外送員的我，雖然不需要阿爸那樣的功力，但還是要確保餐點們不會前俯後仰，就靠著麥當勞的紙杯架，練出了「杯蓋鬆脫又如何，一樣可以完美送達」的神力。

永遠蓋不住的杯蓋

麥當勞飲料的杯蓋，在外送界是出了名的鬆，鬆的程度是，不去碰它就有可能自己往上彈開，我曾經遇過一筆訂了十二杯飲料的訂單，當時麥當勞的飲料還沒有像現在有用膠帶黏住，而我的外送箱也還沒有裝備六孔杯架，所以十二杯飲料全部只架在麥當勞的紙杯架上，我就只能用猶如照顧新生兒的慢動作，小心呵護這十二杯飲料，深怕有個閃失飲料會瞬間不見半杯。

每次遇到有飲料的訂單，我騎車都會特別小心，但是就算已經慢慢騎，還是有兩次沒閃過馬路上的坑洞，讓飲料坐了一趟雲霄飛車。第一次是一杯濃湯瞬間跳車。餐點在外送箱裡，我怎麼知道它跳車了？因為我聞到後面飄出陣陣很香的濃湯味。心想：「啊~系啊（死定了）！怎辦！」不能少餐給客戶，只好厚著臉皮轉回麥當勞，請他們免費再給我一杯，好在店家佛心有給。

第二次是外送一組套餐，其中的飲料被我沿路搖滾，抵達客戶處後打開外送箱一看，飲料已經搖掉了三分之一，液體都從箱子縫隙滴出來了，整個箱子都是黏黏甜甜的味道。可是已經通知客戶拿餐了，也不能離開，心裡上演小劇場：「她會不會投訴？會不會叫我再跑一次，重送一杯新的？會不會退回拒收？」一邊等客戶，腦子裡邊有各種想像。結果大概因為那是晚餐時段，公寓樓梯間的燈光昏暗，客戶沒注意到飲料少了將近一半，拿起來的重量差不多，就不疑有他的收下餐點，讓我安全下莊。

麥當勞還沒改善做法之前的飲料杯，真的非常困擾我們，大概每一個送過麥當勞餐點的夥伴都遇到過，餐點送達客戶處時，飲料已經溢出，搞得客戶很火大，我們很無奈。

很多夥伴向麥當勞抱怨這種狀況，或許他們有聽到我們的聲音，不知道從何時開始，就增加了用膠帶把飲料杯蓋黏住的做法。

但老實說，我個人認為有沒有加貼膠帶差別不大，杯蓋還是一樣鬆，因為他們用的是紙膠帶，而不是一般的透明膠帶，黏貼的效果沒有很好，除了熱飲可以稍微黏牢，固定得住杯蓋，當遇到冰飲時杯身外都是水，膠帶也不靈了。

壽司、蛋糕都很會飛

除了速食店的飲料之外，還有很多只要車騎快一點就可能面目全非的餐點，握壽司、生魚片、蛋糕和湯類食物都是。好幾次接到日本料理的單，取餐時每一盒都擺盤精美，等到達客戶地址打開外送箱，「啊！握壽司變散壽司，生魚片的魚游走啦，小火鍋的碗裡只剩菜，湯都外流到袋子裡了」，只能邊抓頭邊後悔，一路上飛車飛太爽，這下子怎麼辦？不交付餐點也不對，客戶有付錢；交出餐點也不對，客戶會氣死，我會有負評；送回店家請他們重做也不行，會再多收到一個店家給的負評，三難。

我最誇張的一次經驗是蛋糕變成斜塔。那次是送一個用透明盒子裝的蛋糕，客戶備註放門口就好，但我送達後打電話給客戶，堅持需要當面交付餐點。客戶：「就說放門口就好啦，放好就可以離開了。」我：「我不小心騎太快，蛋糕變成斜塔，隨時都有可能倒塌，目前已經傾斜大概有……四十五度左右，你確定要放門口嗎？」然後就聽到跑步聲，咚咚咚衝超快，一下就打開門，氣喘吁吁的說：「馬上給我，我來處理！」客戶拿了蛋糕立刻掉頭衝回去。我默默的幫她關上門，接著隱約聽到：「我先固定住，〇〇去拿盤子來裝，快一點！」

我想那可能是客戶人生中跑最快的一次，為了拯救「比薩糕塔」，而我很認命的等著收負評，結果沒有，感謝客戶！

有些悲劇是店家造成的

餐點毀損，其實外送員只有一部分的責任，有一部分是店家的問題，不仔細的打包、不夠堅固的包裝盒，這就不是我們可以控制的了。這樣造成的餐點毀損，我也遇過，故事發生在我家對面的越南河粉店，他們的生意還不錯，外送訂單都是一次好幾碗，但是選用的外帶碗品質實在很糟糕，我送了兩次他們家的餐，兩次都出事。

第一次是晚餐時段，訂單是六碗河粉，店家打包時有把河粉跟湯分開，用塑膠袋裝河粉，塑膠碗裝湯，這樣可以確保客戶拿到餐點時，湯不會被河粉吸乾。餐點總共有三袋，兩個袋子裝六碗湯，一袋裡疊三碗，全部的河粉裝在另一袋裡。我取餐時沒多想，只覺得店家會這樣疊放應該就是沒問題，就很平常的把餐點放進外送大箱，用杯架跟面紙固定好，出發。

一路上沒飆車、沒超速，安全抵達客戶地址，拿出餐點一看，疊在最底下的塑膠碗已經被熱湯燙到變形，再加上上面還疊了兩碗湯，承受不住重量，碗爆裂，湯汁全部流出來。這慘狀真的不是我可以處理的，只能跟客戶實話實說，好在客戶明事理，沒有因此給我負評。

第二次接到河粉店的單，因為有前一次的經驗，這次我就建議老闆：「你們用的塑膠碗很容易變形，可不可以換成紙碗比較堅固？」老闆：「我送都沒事，那是你沒固定好，用東西固定好不會晃就沒問題了。」

既然老闆都這麼說了，我就再試一次看看吧。這次分量比較少，只有三碗河粉一袋、湯一袋，又是三碗湯疊在一起。我照常用各種工具把餐點牢牢卡住，保證不會晃動，一路上也是不飆車、不超速。到達客戶地址，我邊祈禱「不要灑出來，不要灑出來」，邊小心翼翼的打開外送箱，果不其然，最下面那個碗又變形了，湯汁再度離家出走。而且這次沒那麼好運氣，客戶不買單，給了我一記負評。

不聽外送言，吃虧在眼前

有這兩次深刻的經驗後，我就再也不接這間店的單，隔了將近一年之後，直到有一天因為一直沒有派單過來，等了快一小時終於來了一單「越南河粉」，只好接了。去店家取餐時，發現老闆改用紙碗了，而且高湯還有用塑膠袋裝起來，加邦提圈（塑膠繩）綁住，再放進紙碗裡，這次終於平安送達。

遇到包裝不夠完善的餐點，外送員多半都會跟店家反應或建議，不只是為了不讓自己收到負評，也因為我們都會盡力保護餐點，若是最後讓客戶拿到亂七八糟的餐點，我們心裡也不是滋味。可能更換包裝方式會增加店家的負擔，但如果客戶老是收到爆裂的湯、只剩半杯的飲料，次數一多就不會再來訂餐了，對店家也是損失，所以各位老闆們，我們的小小建議要聽啦！

TIPS

●外送心聲

我們是外送美食的，只會希望快速、完整的送達，絕對不會想讓客戶拿到走鐘的餐點，如果毀損了，我們也真心抱歉，但請不要全部都怪罪在我們身上，因為我們跟客戶一樣難受。

02 逛社區、看星星，就是我的小幸運

每次送餐到漂亮又宏偉的社區大樓，我都會幻想：我要在這裡有一間很大、很大的房子，最好是一間有一百五十坪的豪宅……然後很快就被警衛大哥打醒：「哩袂催夏郎？哩干係加ㄟ住戶？」（你要找誰？你是這裡的住戶嗎？）雖然我沒有穿制服，但是看到我一手拿著手機，一手拿著餐點，也馬上就知道我是外送員了，不用多說，直接把手機給他看：「外送，〇〇號〇〇樓〇〇〇先生／小姐。」

買不起沒關係，我「賞屋」還可賺錢

沒有疫情之前，很多社區都會讓我們送上樓，我就會趁送餐的機會，順便「參

觀、參觀」那些社區，氣派明亮的大廳、健身房、瑜伽教室、游泳池、各式各樣的裝置藝術，但看多之後發現，其實豪宅社區都大同小異，這些公設就是基本規格。不過漂亮的景觀畢竟還是賞心悅目的，在趕著取餐送餐之餘調劑一下，再「阿雜」的心情都會變好，只有一次出了點意外。

那次我照常邊送餐邊參觀社區，當時以為客戶在七樓，出電梯後，我再確認一次地址是七樓的幾號，發現我原來看錯樓層，客戶是在六樓。反正只差一層樓，走樓梯下去就好，還可以順便觀察一下，這個社區的樓梯間維護得怎麼樣，我就推開逃生門去走樓梯。

走到六樓後發現逃生門打不開，當時還心想，六樓的住戶真沒公德心，竟然把逃生門鎖住，只好再走回七樓，沒想到七樓的逃生門也推不開，我就這樣被困在樓梯間裡了。這時猛然想到，如果走到一樓應該就出得去了吧？果然！好險一樓的逃生門是完全打開著的，忍不住想感謝老天爺。

後來我才想到，有些大樓的逃生門只能從樓層走道往樓梯間推開，反方向是推不開的，有過這次的經驗，之後只要是送餐到電梯大樓，就算客戶只在二樓，我都堅持一定搭電梯。

郊區的訂單，正好引我思考未來

如果客戶地址是在地勢比較高的大型社區，能看的就不只是造景裝飾，而是更讓人心情愉快的夜景了。有時接到這種社區的訂單，我都會在送達餐點後，不急著趕回市區接單，會慢慢的騎車，邊騎邊欣賞山下的夜景，或是多駐留一會兒，抬頭看星星。

四周的黑暗，襯托出山腳下城市燈光的美，天空的黑幕，星星跟月亮顯得耀眼，總會讓我幻想，什麼時候可以帶另一個人一起上來欣賞夜景，享受浪漫的夜晚……夜深人靜的氣氛下，總會讓人想起一些往事，和未來的路要怎麼走。沉靜五分鐘後，我就會把自己再拉回現實，繼續騎著車，接單、送單賺錢，做好我現階段該做、想做的事情。

我們每天都在與時間賽跑，能多跑單就多跑單，能多賺一塊錢就多賺一塊錢，幾乎沒有想過慢下腳步來欣賞周圍，沿途的很多風景就這樣錯過了。「生活都快過不下去了，哪還有時間欣賞風景！」這是很多夥伴會說的話，但我認為，至少我們「還活著」，而且並不是真的生活快過不下去，只是自己對眼前的生活品質不滿意，希望還要更好，不過提高生活品質不是只有賺錢這一個方法，偶爾放慢腳步，或許就會有其他改善生活品質的想法出現。

外送員的小確幸，就是這麼樸實無華

逛社區、看星星，算是我個人在外送工作上的小確幸，要是以廣大的外送夥伴來說，最想要的幸運，還是不費力就可以賺到一張單的錢這麼簡單，像是疊單又送到同一個社區，那就是最好的事。

兩單餐點送到同一個社區的機率其實不低，我就遇過滿多次，這樣可以減少很多時間，對外送員來說很划算。有次我接到兩張來自不同店家的訂單，看到距離相差零公尺，心想那不就等於只送一趟，但可以拿兩次費用？結果還真是如此。

那次我在社區大門口等待第一個客戶來取餐，有位男士走來問我是不是送餐給他，我說不是，是另一位客戶的，而且當時我已經跟對方聯繫上了。將餐點交給客戶，完成配送之後，看到第二單的地址原來是同一個社區，就提著另一袋餐點，傳訊息給客戶告知我已經抵達，客戶回覆他已經在門口了，原來就是先前來問我的那位男士，雖然有點尷尬，不過運氣很不錯，不用再多跑一趟。

我還遇過不同客戶、不同店家，卻送到同一個地址，而且還是同一個客戶拿餐。有次晚餐時段，接了一單炸物跟一單飲料，兩單距離兩百公尺。滑開第一單，地址是一間旅館，抵達旅館後正想要再看一下系統確認房號，就看到客戶已經在門口等待，於是很順利的交接餐點，完成送餐。

正準備騎車離開的時候，客戶突然說：「等一下，我還有炸物。」我回說：「我車上也有一包炸物，會不會剛好就是你的？」沒想到還真的是。不同客戶點不同店家的餐點，被同一個外送員接單，送至同一個地址，這個機率太低了！當時真應該去買大樂透，說不定會中獎。

客戶體諒就是最幸運的事

另一個小確幸，就是可以不用將餐點送上樓。在出現新冠肺炎之前，有些公司會規定外送員必須上樓，把餐點送到客戶家門口，疫情爆發之後，改成只要把餐點放在一樓大廳，或是交給管理員就好，節省掉很多等電梯、爬樓梯的時間，算是疫情期間的小確幸。

當然一些老公寓還是需要送上樓，經常會遇到客戶沒戴口罩就出來取餐，這會讓我們很恐慌，因為外送員不像一般上班族可以在家上班，也沒有防疫假可以請，如果不幸被感染必須隔離，不能出門就等於沒工作，也就沒有收入。

很多店家在疫情期間會特別照顧我們，像是只要出示證明是外送員司機，用餐會打折或是免費送飲料。我不知道這樣佛心的店家有多少，但是會把素昧平生的外送員當成夥伴看待，讓我們感受到溫暖，真的很謝謝他們。

對我來說，不管是一杯飲料、一顆糖，都能讓我開心很久，因為這表示有人了解外送員的辛苦。好客戶絕對比奧客多得多，其中更有不少會體諒我們、願意幫助我們工作更順暢快速的佛心客戶。我相信人心都是溫暖的，那些極少數的奧客，就當做是這個工作的修練吧。

TIPS

● 外送心聲

客戶或店家的一杯飲料、一句「辛苦了」，都會讓外送工作變溫馨，因為這表示有人重視我們的感覺。外送工作其實很單調，自己也要懂得在路途中找一些開心的小事情，才不會被苦悶的生活壓力打敗。

03

外送員也能守護你

天氣很冷時跑外送，外送員幾乎都不太戴手套，一來覺得麻煩，二來滑手機時會卡卡的、滑不動，很不方便。我就是不戴手套的那一種，也因為沒戴手套，手指常常因為吹冷風而僵硬，無法拉煞車。我的禦寒方式是把自己包得跟粽子一樣，圍巾、羽絨外套、帽T，加上穿兩條褲子，有時候還會因為過於溫暖而冒汗。如果包成這樣還覺得冷，就再穿上雨衣，因為雨衣不透風，風灌不進來，就可以達到禦寒效果。

我聽過有些店家會送上暖暖包或是熱飲給外送員，雖然無法瞬間拉高體溫，但能讓冰冷的雙手舒服一些，心意已足夠溫暖我們內心了。我們外送員也可以提供別人溫暖，雖然不是這種實際的溫度，卻說不定可以救人一命。

那是一個小粉的外送員，據了解他當時是送三杯飲料，拿餐點的是兩位男生。他完成送餐後沒有馬上騎車離開，而是站在旁邊「顧路」，這時他瞄到其中一個男生，在一杯飲料裡「加料」之後遞給了一位女生。這個夥伴立刻覺得這兩個男生有問題，就很霸氣的走過去跟女生說：「不要喝！我親眼看到他們在妳的飲料裡加料。」這兩個男生卻反駁說他們加的是酵素，然後急忙走開。

夥伴沒有追過去，所以不知道結果如何，也不知道那兩個男生是說真的，還是騙人的，只希望他的「插手」能讓女生有所警覺了。

隱藏版的社區巡守隊

還曾經聽過有客戶說：「外送員也是某種社會基層的巡守隊，可以到達各種小巷小路，甚至於人煙稀少沒有路燈的地方。」的確就像這位客戶說的，警察巡邏不可能深入到每條巷子，但是任何地方都有可能訂餐外送，所以我們會在小巷小路鑽來鑽去，即使沒有路燈，只要客戶地址在哪就往哪去，會經過的地方就跟巡守隊差不多，也有夥伴真的做到巡守隊的功能。

那位夥伴當時送完餐準備騎車離開，有個女生從他身旁經過，他發現對方後面跟著一個看起來很詭異的男生，直覺情況不太對勁。夥伴發動機車往前騎到女生身邊，向她使了一個眼色，然後一起轉頭往回看，兩人都看到了那個男生。那男生大概是眼見被發現他在跟蹤，就趁夥伴叮嚀女生注意安全時跑掉了。

如果這男生跟蹤是想追求對方，可能會大罵夥伴多管閒事，但是想要追求女生，就應該大大方方的正面去認識對方，要是被拒絕了就乾脆的死心，這樣偷偷摸摸的跟蹤，連我都覺得真的很變態。現在很多人都會見義勇為，不管老的小的、女的男的，我們外送員當然也不落人後，剛好經過遇上了，就充當一次巡守隊，能夠幫忙減少憾事發生，我們一定義不容辭。

警民合作算我一份

外送員可以幫警察顧到他們沒看見的地方，當然也可以一起合作。現在的警察也很懂得使用網路，會把他們的執法過程放上網作為宣導，我看過一段逮捕毒犯的影片，其中除了警察之外，還有兩個外送夥伴幫忙一起制伏毒犯，讓我想起，我自己也有過一點點警民合作的經驗。

這次我是要從中和送餐到萬華，在華中橋頭取了餐後，就上橋往萬大路騎去。原本一路上都很順暢，直到快要下橋時開始塞車，機車專用道更是全部塞住，完全停止前進。我被堵在車陣的最後面，不知道前面發生什麼事情，只看到很多騎士把機車牽上人行道往前走。

塞了一陣子後，車陣漸漸疏散一點，我慢慢往前騎，才知道是一位老先生發生車禍，人和機車都橫躺在機車專用道上，旁邊有散落的手機和安全帽，老先生的臉不停流血。看到已經有人在打電話叫救護車，我就停車走過去問老先生的狀況：「你聽得到我說話嗎？」大聲問了兩句後，老先生微微的點頭，看起來他意識還清楚，讓我放心了一點。

確定老先生的狀況不是很危急，我就先去把機車牽到老先生的後方，用中柱架起來當路障，一方面保護他，另一方面也保護餐點不會傾倒。然後立刻通知客戶，因為橋上出車禍會晚一點抵達，請他諒解稍等，再來就是等待救護車跟警察的到來。警察跟救護車到達後，依照程序把車禍現場拍照存證，詢問老先生的傷勢，然後排除橫倒的機車，恢復交通可以順利通行。我看到救護員幫老先生清洗傷口，應該是沒有大礙了，就趕快回去騎車繼續送餐。趕到客戶處時，我已經遲到了快要半個小時，不過客戶完全沒有抱怨，還給了小費，很感謝客戶的諒解。

我不只送餐，也送暖

同樣是路倒，還有一次發生在冬天，我一如往常的載著餐點等紅綠燈，停在我旁邊的阿婆突然倒地，嚇我一大跳。趕快打下右轉方向燈、踢下側柱，把機車直接停在斑馬線上，就衝過去查看阿婆情況，猜測可能是天氣寒冷兩腳無力，才會連人帶車整個倒下。

同時間衝過來看阿婆的，還有不知從哪冒出來的小粉夥伴、原本在指揮交通的導護阿姨、提著一袋便當的大哥，一票人上前來關心，「妳是不是血糖太低？中午有吃飯嗎？」、「有要緊嘸？」（要不要緊？）、「有沒有受傷？」，大家分頭把阿婆扶起來，拉起阿婆的機車牽到路邊。

阿婆看起來沒事，導護阿姨就要我和小粉的夥伴先去送餐，放心把阿婆交給她來處理，我送完餐後還有再騎回去瞄一眼，看到導護阿姨還在一直注意著阿婆的一舉一動，才真的放心繼續去接我的單。

外送員雖然看起來都很冷漠，騎車時又總是衝得很快，但我們也像是行動式的監視器，觀察著路上任何異常的地方，遇到狀況時也會伸出援手。或許有人會說：「不要多管閒事，做好自己的事就好」，這種想法我不反對，畢竟被誣賴的事件也是層出不窮，但我仍然會聽阿母的話，「覺得對的事情就去做」，我不只送餐，也送溫暖。

TIPS

● **外送心聲**

我們在大街小巷穿梭，有時真的就像行動式監視器，偶爾會發現需要幫忙的角落，幾乎都很樂意停下來支援，我們雖然大部分都看起來面無表情，但其實內心還是很熱血的。

04

馬路如虎口，那就是我們的工作環境

當外送員，整天騎車在馬路上衝，可以說是一個玩命的職業，再謹慎的騎士都很難避免遇到意外，我自己也發生過兩次小車禍，都是與汽車擦撞。

第一次車禍是我騎在汽車的右後方，汽車駕駛大概是太久沒有複習交通規則，竟然先右轉再打方向燈，等我反應過來他完全沒有要減速時，已經騎到副駕駛座旁的位置，再〇．〇〇一秒後就碰撞上去了。好在當時我的車速非常慢，人沒有受傷，只有機車一點點的掉漆，是不幸中的大幸。

第二次的情況也是如此，我騎在汽車的右邊一起直行，對方突然一直靠過來，我就被逼到要往國道的車道上。我長按喇叭提醒對方，但對方還是繼續逼近，差一點就要撞到我，雖然沒害我失控摔車，但這樣開車實在太過分，我就故意把機車停在分隔島前的網狀線上，擋住汽車的路。這下汽車前進也不是，因為會撞到分隔島，後退也不是，因為後面不停有車過來，我們就互不退讓。汽車駕駛搖下車窗，一副準備要吵架的樣子，我的氣勢當然不能輸，更何況我也沒有違規，就一直瞪著對方，直到對方道歉我才騎走。

我不是故意騎快又違規

有不少客戶很善心，會叫外送員騎慢一點、注意安全，其實我們都知道，也很感謝客戶的提醒，只是當餐點在手，想要盡快送達的責任感，會讓大家不知不覺油門催下去。

我看過一張照片，是三間公司的外送員在一個十字路口撞在一起，我想當時一定有造成交通大堵塞。照片裡看不出誰闖紅燈、誰被撞，唯一能肯定的事情是，三部機車的餐點全毀，有至少三個客戶等不到自己的午餐。好在三位夥伴沒有嚴重受傷，應該還能繼續跑單賺錢，只是要花很多錢修車，至於會不會因此被停權，還要看各家外送公司的規則辦法。

新聞也常會報導，外送員違規，結果被轎車撞飛這樣的新聞，我自己也看到過，有夥伴為了節省等紅燈的時間，就逆向騎一小段路，這樣做非常危險，我只能說他真的很勇敢。我膽小，不敢闖紅燈，最多就是搶黃燈而已，因為我不想拿自己的生命開玩笑，一場車禍就可能賠上兩個星期的薪水，甚至更多。

馬路是大家的，互相包容才保一路平安

臺灣的馬路就是外送員的工作環境，其實對我們來說不太友善，有人喜歡當成自己家的廚房，想怎麼騎就怎麼騎、想怎麼開就怎麼開，完全目中無人，更別說酒駕，還有一出現糾紛，下車就直接用球棒、大鎖說話的人。

我曾經為了了解可怕的駕駛行為到底是什麼心態，上網搜尋了很多資料，才知道這些人真有其毛病，叫做「路怒症」。他們會帶著緊張憤怒的情緒開車、騎車，再加上生活節奏快，使人心浮氣躁，就容易發生摩擦，輕則是言語上的衝突，

重則就會肢體衝突，甚至失去理智的攻擊。

也有人說可以善用按喇叭提醒其他用路人，但很多人似乎都覺得按喇叭就是在找碴，對方不見得會就好好開車、騎車，反而是換來「×！哩洗勒叭×小？」（×！你在叭什麼？）、「嘎拎北落掐」（給我下車）、「按喇叭揪爽吼？」（按喇叭很爽喔？），好像喇叭是核彈，不按還沒事，一按就開戰。

馬路是大家的，要一路平安，真的需要互相尊重、互相包容，對於那些明顯違法的駕駛們，我們也只能期望法律可以更有力的來約束了。

▲臺灣的馬路就是外送員的工作環境，其實這「職場」對他們並不太友善。

刺青哥鬥大嬸，山藥獲勝

交通安全的問題太嚴肅，最後講一個比較輕鬆的。某天夜晚在一個郊區，外送員送完餐正準備騎回市區，無意間看到有兩個人在馬路中間爭執，而且氣氛越來越緊張。騎近一點看，原來是一位大嬸與一位手臂上滿滿刺青的大哥，兩部機車發生擦撞在理論。

大嬸：「年輕人，你撞到我不會說對不起嗎？」刺青哥：「妳沒先看清楚兩邊有沒有車就衝出來，撞到我還要我跟妳道歉，門都沒有！」大嬸：「這條路我走幾十年了，從來沒有出過事，就是因為你衝過來沒有閃開才會撞到，害我人受傷，車子也毀損。」刺青哥：「聽妳在胡扯，是妳突然衝出來還要我閃開，什麼歪理？要道歉也應該是妳先道歉，不然就都不要走，我跟妳耗沒關係。」

兩人僵持不下，誰也不讓誰，突然大嬸走回自己的機車，還以為她要放棄了，這場糾紛就這樣結束，沒想到她是從菜籃拿出一大根山藥，直接揮向刺青哥。刺青哥見狀趕快用雙手去擋，但擋了才知道原來山藥打人很痛。刺青哥原本還想繼續叫囂，卻抵不過大嬸的山藥攻勢，節節敗退，連開口的機會都沒有，最後只好騎上車掉頭走人。我相信刺青哥絕對不是怕大嬸，只是沒想到山藥打人會這麼痛。

TIPS

●外送心聲

當餐點在外送箱裡，我們就會自然產生責任感，想要把店家精心料理出來的美食，盡快送到客戶手中，然後不自覺的就猛催油門，如果嚇到了路上行人，或是其他駕駛騎士，我們真的不是故意的。

05

一人騎車很孤單，我也想有人作伴

喝一杯熱奶茶，讓我娓娓道來。她三十歲，我二十七歲，發生在麥當勞。因為地利之便，有段時間我很常接某家麥當勞的單，所以跟他們一些店員和經理還算熟，其中一個女店員感覺個性滿活潑的，遇到時總是會跟我打招呼，所以對她的印象很好。

在麥當勞開始，在麥當勞結束

某個週一晚上將近八點，我在上英文會話課程，人雖然坐在補習班，但根本心不在焉，因為一直在猶豫下課後要不要去找那個女生。下定決心後，一下課我就直奔麥當勞，但是沒遇到她，就跟當天的值班經理探聽她的上班時間，經理也很幫忙，說她當週的週四有班，這次一定要把握機會。

到週四當天，熱血沸騰的我也是上完英文課就衝去麥當勞，沒想到又錯過了，但我從經理口中得知她單身，而且店裡每個人都知道我想追她，都想幫我。可是之後幾次去找她，都很「剛好」的又錯過了，我開始覺得她刻意在避開我。再過了一週後終於看到她，結果被以「我在忙」打發，當下心灰意冷，默默的走出店門，不知道還要不要堅持下去。

就在此時，她拿著包包走出來，看起來是要下班了，我決定再賭一把，走過去問：「妳不是要到晚上才下班嗎？」她說：「不知道，反正被告知可以下班就下班了。」看來是經理有出手相助，我趕快問：「我可不可以跟妳要LINE？我想跟妳交個朋友！」她說：「我們都沒有說過話，而且我的年紀肯定比你大。」年紀比我大？這是新的發好人卡理由嗎？

其實我們有說過話，跨年夜那天來接單，整個店裡忙得團團轉，她特別跑來跟我說：「新年快樂！我怕我等一下忘記跟你說。」還有一次我不是去接單，而是去消費，她認出我來，還說：「我想說沒有訂單你怎麼出現了？」

想知道後來有沒有要到 LINE 嗎？有。但有發展嗎？沒有，唉。

外送情侶檔，礙眼但又羨慕

單身太久，有時看到恩愛夫妻或情侶一起跑外送的夥伴，就會小小刺激一下想找個伴的念頭。我看過有夥伴載著女友一起跑單，原本放外送箱的位置給女友坐了，就在機車後面加裝一個機車架，來安置外送箱；也有看過坐後座的女生背著外送箱，緊抱著前面的男生，讓我很羨慕。這樣跑外送有伴不只可以順便約會，還可以一個人看車，另一個人取餐送餐，就不用怕餐點被偷，或是兩人輪流爬樓梯送餐上樓，也不錯。

除了之前的麥當勞情緣沒有成功，我還有好幾次主動出擊都失敗的紀錄。在早餐店打工時，遇到過年紀差不多又看得順眼的客人，我請老闆娘幫忙探問看看，結果客人從此消失，再也不來買早餐。還有一次是好不容易找到高中暗戀對象的聯絡方式，都還沒聯絡上，就先被對方的閨蜜質問：「你幹嘛追人家？」讓我一度懷疑自己是不是只要單戀就好？因為一開口就破局。不過我沒有因此就退縮，這不是我的風格，遇到機會時我還是會拿出勇氣出擊，成不成功是命中注定，但至少我踏出第一步。

我的後座誰來坐

有次接單，才按下系統沒多久，就收到客戶傳來訊息：「你上次遺忘的酒精，我幫你收起來了，等等我取餐時會把噴霧還給你。」看到訊息內容我滿頭問號，什麼酒精？什麼噴霧？我跑外送時不會攜帶酒精呀。

我回覆：「小姐，你認錯司機了吧？我從來沒有帶酒精噴霧在身上。」客戶又傳來：「但上次那個外送員的名字跟你一樣是一個『林』字。」這位客戶也太可愛，姓「林」的外送員不只有我一個呀，我忍不住想逗一下對方：「那他有長得比我帥嗎？」當時真不知道哪來的勇氣說出這句話，還好客戶沒有覺得我在騷擾她，也是客氣的回：「沒有，你比較帥！」感謝客戶的稱讚！

雖然簡短的對話稱不上是追求，大概連搭訕都不算，但是被稱讚而不是被罵變態，還是心情愉快。下次再有這種機會，希望老天可以讓我多發揮一點，讓我的機車後座不只是用來放外送箱。

TIPS

● 外送心聲

外送工作沒有辦公室和同事，只有店家和客戶，跟一般上班族比起來，社交圈少了一大半，難得遇到有感覺的店員也不敢太常接近，就怕被當成變態，什麼時候可以讓我也能「轉角遇到愛」呢？

06

外送很方便，不等於下單可以隨便

麥當勞的玉米濃湯和冰炫風很受歡迎，所以常被大家稱為「被玉米濃湯、冰炫風耽誤的速食店」，但這一次，我要把麥當勞評價為「被雪碧耽誤的速食店」。

只訂一杯雪碧，咱比小七還便利

雪碧，便利商店一瓶賣二十五元，麥當勞中杯是六十七元。看到這裡一定有人會說我根本在亂講，中杯雪碧明明只要二十八元而已。別急，二十八元再加上外送最低運費三十九元，就要六十七元。

那是我剛開始做外送員的時候，有天接到派單是麥當勞的餐點，就出發去門市取餐。抵達時才知道訂單內容只有一杯中杯雪碧，我有點傻眼的問：「就這樣？沒有其他的了？」店員的回答很平靜：「對，就只有這樣。我也沒想到會這麼少，可能我們家的雪碧比較好喝，杯子比較漂亮。」既然客戶都願意多花三十九元的運費下單了，我們就送吧！

平常沒有特別注意，速食店和便利商店的雪碧味道有什麼不一樣，送完這一單後我再跑回那家麥當勞，買了一杯中杯雪碧來喝喝看，真的有特別好喝嗎？喝了之後覺得，這就是雪碧啊，也沒有變成高粱酒，不過倒是有多了一種味道——懶味。

二十幾項零食，沒買購物袋

等到多跑了一段時間，接單經驗多了之後才知道，「只送一杯雪碧」根本是超優質的訂單，因為有只訂一杯汽水的客戶，就會有一次訂十幾個漢堡套餐，或是二、三十杯手搖飲料的客戶。我想他們大概忘了，外送員是騎機車在送餐，不是開貨車在載貨。

後來各家外送公司開始跟賣場合作，這種把機車當貨車在用的客戶更多了，經常看到有夥伴分享訂單內容是四、五十項商品；全部加起來有幾十公升的飲料、桶裝礦泉水；八袋、十袋的衛生紙等。每次遇到這種訂單，我都毫不猶豫的讓單飛，因為我們的收入就是單純用距離來計算，當然是選擇商品數量少的訂單才接，商品越少，才能夠越快解決，不然光是想十袋衛生紙要怎麼載，就不知道要花多少時間了，對自己太不划算。

另外一個很讓我們火大的是，不少客戶不知是忽略還是想省錢而不買購物袋。有次我接到全聯的訂單，客戶買了二十幾項的餅乾跟飲料，卻沒買袋子，還好我有自備超大紅白塑膠袋，不然真不知道要怎麼把它們弄上車。

送達客戶地址後，看到備註「餐點麻煩幫我放管理室，謝謝。」這個要求我十分樂意完全配合，不是因為不用花時間上樓，而是可以讓客戶知道，不買購物袋是什麼結果。於是我就在管理室把商品一樣一樣拿出來疊成小山，讓管理員大哥皺著眉頭：「你是要把我的管理室占滿喔，疊這麼多東西。」我忍不住笑意的說：「沒辦法啊！客戶不買袋子，我只能這樣疊，不然東西掉到地上又會被客訴。」然後繼續疊疊樂。完成送達拍照給客戶時，我還貼心提醒：「請記得帶購物袋或塑膠袋下來裝，謝謝。」感覺超爽。

清單上最常「忘記」買的品項

對我來說，二十幾項商品已經是接單的極限了，我看過有夥伴接下五十幾項商品的訂單，其中還包括一堆礦泉水、飲料，總重量三十一公斤，而客戶只買了一個購物袋，他只好再多買袋子來裝。我只能說這位夥伴真的太佛系，還先自掏腰包買袋子，希望客戶收貨時會有自覺，知道要把購物袋的錢還給他，因為有很多客戶就把我們的協助視為理所當然。

這種情況最常發生在手搖飲料的訂單上，一張單裡六、七杯飲料，又沒有加買提袋，外送員只有兩隻手，一次只能拿兩杯飲料，為了接單，不少夥伴會先出錢再買一個提袋，等送達客戶處時，再跟客戶收取代墊的錢。但就是有客戶很計較這一、兩元，有夥伴被問：「我上次買這家的飲料都有提袋，為什麼這次買就沒有？」然後心不甘情不願的付錢，更有夥伴交付飲料後等客戶進屋去拿錢，結果客戶再出現不是付錢，而是把清出飲料後的空提袋再還給他。

外送員和客戶之間，應該是互相體諒的關係，我們都以為先釋出善意，給客戶方便，可以換得對方的平等對待，但常常是「真心換絕情」，多遇到幾次之後，大家只好變得冷漠。有夥伴遇到更糟糕的客戶，想要直接跟他索取提袋不付錢，還嘲諷他怎麼這一、兩塊錢也要計較，但是反過來看，客戶是不是也把自己的人品，貶值到跟買提袋的那一、兩塊錢一樣低呢？

TIPS

● 外送心聲

與其請客戶將心比心，不要把我們當成貨運，我反而想跟夥伴們說，遇到不合理的訂單就勇敢讓單飛吧，只有我們不糟蹋自己，才會有更多客戶懂得互相著想和體諒。

07 狂歡夜，我們的樂子不一樣

做了外送工作之後，我開始覺得，臺灣人越來越會享受生活，以往聖誕夜、跨年夜、除夕夜，大家多半是親朋好友找餐廳聚會狂歡，現在有便利的外送服務，在家訂餐點過節日，比出門去人擠人更舒服。

過年扮財神，送餐也送財

過年期間的外送員和店家都比往常少很多，但是外送公司還是會順應我們的民俗，過年期間接單會多給獎金，累積起來可以拿到五百元至六百元不等。但是最讓我們期待的不是有多少訂單、多少獎金，而是客戶給多少紅包和小費，如果運氣好拿得多，就可以少跑一些單。我曾聽說過，有夥伴在過年期間，一天就拿到兩千元至三千元的紅包，比收到薪水還要開心。

有些夥伴還會精心設計，故意打扮成財神爺的樣子再跑外送，實際送餐，象徵送財，給客戶留下難忘的經驗，收到紅包的機率也多一些。而且既然有財神爺送餐，就也會有聖誕老公公送餐，這些特別裝扮都是外送員自掏腰包準備，所以別看外送員都是面無表情的樣子，其實會搞怪的也很多，就看有沒有機會遇到。

聖誕夜，賓果夜

聖誕夜對我們來說，或許不是最浪漫、最溫馨、最high的夜晚，但肯定是找樂子的夜晚。回想二〇二一年的聖誕節有寒流，下著大雨，颳著寒風，路上的夥伴少得可憐，但是訂單多得爆炸，這時就是「樂子時間」了。

那天的晚餐時段我準備去一家小火鍋店取餐，我還在距離店家不遠的路口等紅燈，就已經可以看到外帶窗口聚集了一堆人，不知道狀況的人還以為大家是在排隊等位子，但其實那都是等著取餐的各家夥伴們。我邊等紅燈邊數，一、二、三……七、八，總共有八個外送大箱，再加上我手上也有這家店的訂單，一起來湊熱鬧。

會有這麼多外送員在等，想必是店家餐點做不出來，這時就會像在玩賓果遊戲，店家做好餐點會喊訂單的後三碼，被喊中單號的夥伴就像中獎一樣開心，其他人則會道賀：「中獎了！恭喜！」聖誕夜的外送員，被冷風吹到有點凍傷腦袋了，但我們的快樂就是這麼簡單。

跨年訂外送？今年訂，明年到

聖誕夜後一週就是跨年夜，但情景卻大不相同，因為很多外送員也會去跨年，所以很容易看到店家的架上堆得滿滿都是等待外送的餐點。在我們外送界裡流傳著一句話：「今年訂，明年到」，而且餐點還是冷的，如果有客戶抱怨「八點訂的，都十一點了還沒到！」那很正常。

外送公司在跨年夜也會加發獎勵，加發時段是晚上八點到十一點，順應跨年夜越晚越熱鬧的氣氛。但是這天的外送員還是和平常一樣，會集中在晚上五點到八點的餐期時段出來跑單，過了八點之後，就有的去跨年，有的收工回家休息，跑單的人立刻少一半。跨年夜才要進入高潮，外送員卻變少，店家又爆單，想當然做好的餐點沒人送，等外送員送達客戶處，年都跨完了。

不過忙歸忙，跨年夜也是收小費的好機會，我自己收到過兩百元的小費，當下就很開心，聽說有外送員接到的單是外國人訂餐，小費直接就是一千元，也是羨煞不少夥伴。

跨年夜，好戲在八點之後

因為我一直都只跑晚上五點到八點的晚餐時段，所以跨年夜對我的影響其實不大，頂多就是遇到店家拖餐。二〇二一年的跨年夜，我接到兩張單是同一家火鍋店，當時我已經先送完一單，再接單又是同一家店，回到店家時餐點還沒做好，我就乖乖的坐在一旁等。等了將近十分鐘，這時我的手機響了，有疊單，是離火鍋店不遠的雲南料理訂單，心想拿到火鍋的餐點後再去雲南料理店，時間很剛好，就接下訂單，然後去問店家餐點做好了沒。

我還沒開口，旁邊一個已經等得很不耐煩的夥伴先問了：「請問〇〇〇號還要多久？」店家頭也沒抬：「還沒好，要等。」我偷瞄到店員手上的平板，上面顯示大概還有十張訂單，我很猶豫要不要退單，因為我已經疊單了，而且每個來問餐點進度的外送員，都得到同一句回答：還沒好，要等。

又等了將近十分鐘，這段時間裡火鍋店一直沒出餐，我終於決定棄單，趕快衝去下一家店取餐，當時心裡真的很想跟這兩張訂單的客戶說抱歉。拿到雲南料理的餐點後，在送餐途中還在紅綠燈巧遇剛剛一起在火鍋店等餐的夥伴，看他一臉怒氣的樣子，大概也是等不下去棄單了。

現在回想起來，當時也才快要六點而已，根本還不到吃飯時間，只是「開胃菜」就已經耗時成這樣，無法想像八點之後的「主菜」會有多煎熬。

TIPS

● 外送心聲

雖然過年期間公司會加發獎勵，但跟正式的年終獎金相比，還是差很多。什麼時候我們才會是外送公司「雇傭」的員工？能領到真正的年終獎金？能得到該有的保障？

08

你以為的店家 vs. 實際上的店家

電影《食神》裡說：「中國廚藝學院就是少林寺的廚房。」在新北市的中和區，還真的有店家會讓人以為它是「中和廚藝學院」。

我接過一張在中和的訂單，照著店家地址騎去，沒看到餐廳或小吃店，卻找到一間廟。我站在廟門口東張西望，心想：「這看起來完全不像一間餐廳啊！可是地址又說是這裡，要打電話給店家嗎？」正準備要打電話，剛好瞄見廟旁邊有一個昏暗的民宅，民宅的玻璃門上有貼著外送公司合作餐廳的貼紙，確定沒找錯地方，但……我是來到傳說中的中和廚藝學院嗎？

「烏郎滴ㄟ某？烏郎滴ㄟ某？（有人在嗎？有人在嗎？）」我邊問邊抱著懷疑踏進昏暗的房子裡，這時候前方亮光傳出溫柔的聲音：「你的餐點快好了，等我一下。」「慢慢來，我不急，不趕。」我也好聲好氣的回答。沒多久店家就從裡面喘吁吁的提著餐點出來說：「抱歉讓你久等了，這是你的餐點。」我連忙回應謝謝，深怕得罪了方丈，不，是店家。

可能是隔壁宮廟的氣氛太莊嚴，讓我不由自主的也變得客氣溫和起來，跨出門時我還左右看了一下，再次確認附近沒有其他人，深怕中和的宮廟也有「十八銅人」會衝出來。

什麼都賣的幽靈餐廳

外送公司不會稽查合作店家是不是真的有店面，因為現在很多只做外帶的店家，甚至是雲端廚房，只跟外送平臺合作，他們沒有內用座位，所以會有藏在民宅裡的店家，不是做外送工作的人，根本不會知道那是個「餐廳」。但對我們來說，找得到門牌號碼的都可以是店家，甚至沒有門牌號碼的也可以，只是那就很可能是夥伴口中的「幽靈餐廳」。

我就接過一張訂單，店家地址是〇〇路，但又備註取餐要到××路，孰不知這張單就是外送界中最出名的幽靈餐廳。還沒接過這家餐廳的單之前，就聽夥伴說過那裡原本不知是倉庫還是宿舍，老闆把建築物的後半部改建成廚房，就變成店家了。然後在外送平臺上掛了超過十個不同的店名，餐點種類從炸物、火鍋到便當，甚至還有水果，如果不仔細比對店家地址，就不會發現全部都是出自這一家。

我趁取餐時偷偷觀察了一下這家幽靈餐廳，看到他們的食材都沒有包覆起來，熟食與生食放在一起，牆壁地板都是汙漬，廚具也都是油垢，只差沒看到老鼠和小強。我自己做過餐飲，很清楚餐廳廚房會是什麼樣子，這種料理環境連我都無法接受。

不只如此，員工的工作態度也不好，明明就有外送員在等餐，員工卻一直裝忙，一下子滑平板、一下子寫菜單、一下子又開冰箱，把食材拿出來又放回去，走來走去的好像很忙碌，但其實啥事也沒做。

這家「餐廳」不只出餐慢，少餐的機率更是非常高。第二次又接到這家的單時，我很清楚的記得餐點內容，是「匈牙利烤雞兩隻」，但拿到餐點時發現只有一隻。跟店員確認餐點數量，對方竟然說：「我不知道是兩隻，那要再稍等一下。」要烤熟一隻雞怎麼可能只要「稍等一下」，而且等第二隻雞烤好，第一隻都冷掉了，我不想浪費時間又要被客戶抱怨，當場拒單。之後我再也不接這家的單，雖然我管不著客戶要吃什麼，但至少可以幫他們把關一下餐廳和餐點的品質。

躲在四樓的隱身店家

店家地址會很神祕的，除了幽靈餐廳之外，還有一種是正牌經營的「隱身店家」。我遇過一張在板橋的訂單，當時騎到店家地址時，一直找不到他們的招牌，在那條巷子裡來回騎了好幾次都沒看到，只好很不好意思的跑去問附近的商店，店員往後一指：「在後面，你已經騎過頭了！眼睛要往上看。」原來餐廳在二樓，往上看才發現陽臺就有很明顯的外送標誌。當下心想，店家所處的位置已經超出我的慣性思維了，以後不能再執著於「店」就一定在一樓的想法，只要有門牌號碼，就可以是店家。

既然有二樓的店，肯定就有更高的，所以我還遇過位在四樓的法式料理店。那次我也是騎到一條小巷子的深處，不禁懷疑自己有沒有看錯地址，因為有巷、有弄、有號又有樓，這怎麼會是店家，根本是客戶的住址吧！抵達店家樓下等了兩分鐘，真的有人拿著餐點從大門走出來，確認單號還真的是我要取的餐點，實在太神奇了。

還有一次也讓我印象深刻，是在板橋合宜住宅裡的店家，老闆還特別備註：「在〇〇補習班旁邊打電話 09XX-XXX-XXX，會有人拿餐點給外送員。」我照指示打電話，等了大概五分鐘後，就看見一個拿著餐點的小女生出現，我們互相核對單號和數量都無誤，順利完成取餐，讓我又再更新了對於店家位置的認知。

發現這種隱身餐廳越來越多之後，我跟阿母提議：「既然都有人在二樓、四樓做生意了，那我們要不要也來搞一個『隱身店家』？反正妳一直很想再開始做生意。」阿母直接拒絕：「生意好的話，瓦斯爐會不夠用，而且過沒多久就會壞掉，又要再買一個新的，不行不行。」八字都還沒一撇就先放棄，我看我還是先努力工作存錢吧。

有天使的餐廳

另一個讓我印象深刻的店家，和前面說的那些「奇異」餐廳不同，是再普通不過的鬍鬚張，特別之處不是它的生意有多好、訂單有多爆滿，而是裡面的員工。

第一次接到這家店的訂單時，我等了足足三十分鐘才拿到餐，這三十分鐘裡，我看著店裡有人在準備餐點，有人卻像木頭一樣，不是手上動作超級緩慢，就是不知道互相幫忙，加快備餐速度。有些一起等餐的夥伴因為等不了就棄單，我最後也受不了，給出我外送人生中第一次負評，決定以後不接這家店的訂單了。

但是為了賺錢，沒訂單時還是只能乖乖的接，所以不久後我還是再接了他們的訂單。我邊嘆氣邊踏進店裡，心想這次不知道又要等多久，突然聽到有個員工開口：「拿……拿……拿到餐點要……要……要簽名。」原來他們有幾個店員是身心障礙者，看他說得很吃力，但又很堅持要求外送員遵守取餐規定，不知道他花了多久時間、付出多少努力才辦到的。當下超級後悔之前給出負評，但是已經給了無法回收，只能在心裡默默的懺悔。

TIPS

● 外送心聲

訂外送看不到店家的真實狀況，很容易踩雷，建議大家訂餐時先看看店家的評價和地址，如果發現好幾個不同的店家，但都是同一個地址，就要小心，如果它不是雲端廚房，很可能就是不良的幽靈餐廳。

09

有狼有鼠有樹懶，外送天使惹人疼

外送員的工作很獨立，沒有所謂的同事、主管，除了外送公司的規定，跑單過程中的小細節幾乎可以說是不受規範，大家各自想怎麼做就怎麼做，就會出現各種樣貌的外送員，有狼、有老鼠、有樹懶，還有天使。

外送員像狼，可以單幹，也會合作

我一直認為外送員像狼，因為都是獨來獨往的接單、送餐，直到某天看新聞報導，兩大公司的外送員因為行車糾紛吵成一團，更加覺得外送員不只是孤狼，有事情需要支援的時候，還可以集結成狼群，團結合作。

新聞說的糾紛是，有小綠的外送員在綠燈亮後沒有即時起步，被小粉的外送員按了一下喇叭提醒，小綠外送員不爽被按喇叭，到下一個路口等紅燈時，就動手揮了對方一拳。挨揍的小粉立刻在外送群組發送訊息，請在附近的夥伴支援「拚輸贏」，於是大家就像是狼群一樣，立刻集結了七名夥伴前來堵人，要求報警處理。一人難抵七人的小綠外送員，最後暴衝離去，才結束這場糾紛。

老鼠型外送員，就是偷拿

老鼠是偷吃、破壞的代表動物，外送員裡也有一些老鼠型的人，藉由外送這個職業來正大光明的偷吃，甚至是破壞餐點。在外送剛剛爆紅起來的那段時間，就經常聽到餐點裡有菸味、便當被人扒過飯、雞腿便當的雞腿不見了，各種被老鼠肆虐過的事蹟。

我沒有正面遇過老鼠型外送員，但有被店家要求幫忙「抓老鼠」過。那是一個賣甘蔗雞的餐廳，去取餐時店員突然問我，知不知道怎麼聯絡其他外送員，因為有客戶沒收到餐點，但是系統又顯示外送員已經完成配送，他想找到對方問清楚是怎麼回事。這種情況九成是外送員把餐點偷走了，能找回來的機率很低。正常的外送員都會覺得，想吃就自己買一份，直接偷餐點也太沒水準，就是有這種老鼠屎，才會讓大家對外送員的印象不佳。

我教店家回報客服，雖然不一定有用，但也只有這個方法可以找到那位老鼠，不過可惜店家還是沒有聯絡到對方，只有收到客服會退回餐費的訊息。我真心希望可以把這種偷吃的外送員一一揪出來，而且絕對要停權，外送員中能清掉一隻老鼠是一隻，不能讓正派夥伴的名聲一起被拖下水。

樹懶型外送員，慢得讓你冒火

看過電影《動物方城市》（*Zootopia*）的人都知道，樹懶的動作超級慢，外送界裡也有這種節奏緩慢的夥伴。我一直想不透，外送員都是分秒必爭，就怕時間拖慢了影響接單賺錢，怎麼還會有人拖拖拉拉，好像很不甘願的送餐？

我家曾經遇過這樣的外送員，當時下完訂單後查看派送進度，發現對方一直定位在同一個地方，沒有移動過，覺得有點擔心就打電話過去，也沒人接聽。直到系統顯示店家已經備好餐，等待外送員取餐後，才看到對方的定位開始移動，餐點也就延遲送達我家。我認為，如果不想工作，就先下班吧，客戶沒有反應，不代表他們不看重時間，還是那句老話：大家互相著想、體諒，要是這樣被客戶負評，真的怪不了別人。

天使外送夥伴，慢得讓你心疼

最後說一種最讓我敬佩的外送員，就是行動不便，但仍然努力工作養活自己的夥伴。我親眼看過坐著殘障電動車送餐的夥伴，心裡都會忍不住幫他祈禱，可以遇到溫暖的店家和客戶；還有中度自閉，用步行送餐的夥伴，又要學習認路，又要對抗馬路上的躁音，也希望他的客戶都是有耐心的人。

或許有人覺得，行動不便幹嘛做外送員，根本是在製造店家和客戶的麻煩，但我想說，這些夥伴已經打趴一票不工作、只等著中樂透的人，如果哪次拿餐時，發現是這樣的天使外送員送來的，敬請小費給好、給滿，因為他們靠自己，才是最棒的。

一籃橘子裡，總會有幾個是不好的；十幾萬個外送員，當然也會參差不齊，有各種特性。外送員太多，又都在外頭跑，沒有所謂的「進辦公室」，外送公司很難嚴格管理，只能用良民證做最基本的控管，如果遇到默默做好工作的外送員，請不吝鼓勵一下，若是遇到橫行的凶猛狼群或老鼠屎，也請客戶跟店家們幫忙用力監督下去了。

TIPS

● 外送心聲

全臺灣有十幾萬名外送員，絕大部分都是優質溫和的夥伴，會偷吃、打架鬧事的是極少數，只是每次一有事就被新聞報出來，連累到整個外送員行業的社會觀感，其實我們也希望那些老鼠惡狼可以都被停權。

10

免費得到的午餐，是人性透視鏡

前面說到有一種老鼠型的外送員，會偷吃餐點，其實有個方法可以正大光明的吃到餐點，就是「員工餐」。這不是公司直接給夥伴們的員工福利，是外送員送達餐點後客戶沒有取餐，用電話或簡訊聯絡對方後，公司系統會開始計時十分鐘，如果十分鐘後客戶還是沒有出現，這份餐點就會免費讓外送員自行處理，可以自己吃掉，也可以送給別人，就被大家暱稱為員工餐。

免費的最貴

有些人喜歡員工餐，甚至可以說是衝著員工餐來跑外送的，雖然感覺是在貪小便宜，但也不能說他們是錯的。有人則會用投機的手法得到員工餐，那就只能說，夜路走多了總會遇到鬼，「免費的最貴」這句話真的不能不信。

曾經有外送員想把餐點變成員工餐，在送達客戶處時，沒有通知客戶取餐，只向公司回報餐點已送達，過了公司規定的十分鐘後，他再回報客戶沒出現，餐點就到手了。

這樣其實已經構成刑法上的侵占罪，這個外送員後來也的確因為客戶遲遲沒等到餐，向公司反應，公司查不到他有聯絡過客戶的紀錄，並不符合成為員工餐的條件，結果不只被公司停權，也被客戶控告侵占。為一口食物而丟了工作，還吃上官司，真的太傻。

員工餐很好「騙」？

扣除掉不回訊息、不接電話而聯絡不到客戶，這些常見導致員工餐的因素，還有一種令人驚訝的是，「現金單詐騙」造成的員工餐，而且出手詐騙的人是客戶和外送員都有。

客戶出手的詐騙手法，是他們會用現金單訂餐，外送員也照常的送餐，但客戶取餐時會不付錢，並且跟外送員說已經聯絡公司改用信用卡付款。夠機靈的外送員會因為沒有收到現金，而拒絕交付餐點，這時客戶通常會自願取消訂單，不繼續跟外送員糾纏下去，這份餐點就成為員工餐了。但如果外送員太老實，聽信了客戶的話術交出餐點，之後發薪水時，很可能會被公司扣除這筆餐費。

外送員出手的詐騙，則是會謊稱知道客戶沒有使用優惠碼和免運費，用落落長的話術說服客戶取消訂單，把餐點變成自己的員工餐。因為外送員會裝出一副知道客戶有什麼優惠、能不能享受免運費的樣子，很容易讓客戶信以為真，但我一定要強調，**外送員絕對、絕對、絕對不會知道客戶有沒有優惠碼、能不能免運這些條件**，我們手機能看到的，很單純就是餐點內容、店家和客戶店址、客戶名稱這些資料，**也絕對沒有可以幫客戶取消訂單這種事**。

恰到好處的福利

相較於想盡辦法要得到員工餐的外送員，我自己倒是一點都不想收到員工餐，因為還要繼續接單賺錢，不太可能先停下來把它吃掉，收在外送箱裡還會占位子，非常麻煩。所以每次遇到員工餐，我都會想辦法送出去，有時還會直接送給街友。只有一次是夏天的夜晚，餐點內容是板橋一家知名的冰品，我依照規定流程通知客戶，冰都開始融化了，對方還是沒出現。等待十分鐘後，接到公司通知餐點自行處理，那碗冰品就變成了我消暑的宵夜，剛剛好。

而且，與其得到一份餐點，我比較歡迎一杯可以即時解渴的飲料，這也是我們外送員特有的一種福利，拿到時總會覺得「揪甘心」。最有印象的一次是一個老伯客戶，手裡拿著兩瓶保久乳出來拿餐點，說：「這給你喝，我們家多買的。」喝牛奶不只解渴還能墊墊肚子，超幸運的。

不只是客戶，一些店家也會請我們喝飲料或吃點心，像是瓦城的可樂、派克雞排的紅茶、鼎泰豐的小月餅，都讓我印象深刻。尤其是瓦城，在疫情期間幾乎每次取餐都送一罐，有時太趕來不及喝，就帶回家，最後多到家裡冰箱擺不下，還分送給鄰居小朋友。

有意跟無意，兩者相差甚遠。無意中獲得店家或客戶送的飲料點心，慰勞我們的辛苦，可以自然的接受，沒有什麼良心問題，但有意的想盡辦法拿到免費餐點，就很不可取。如果這麼有才，把腦筋動在餐點上，我建議趕快轉行，外送員這個職業太大材小用，有這麼優秀的想像力和行動力，肯定可以用在幫助更多人身上，不如就去更大的空間發揮你的長才吧。

TIPS

● 外送心聲

為了「吃到免費的」想出這麼複雜的詐騙手法，真不知道是員工餐的魅力真的太大，還是人性天生就是愛貪小便宜？這樣冒著犯法的風險吃一餐，會讓陽春麵吃起來像牛肉麵嗎？

11 好心的警察，壞心的同行

每當有人違規停車被拍照或拖吊，就會聽到「警察是合法搶人民的血汗錢，像小偷一樣都偷偷來」這樣的話。或許警察真的是需要業績，所以開單這麼不遺餘力，但我也要為警察對於外送員的同理心說聲「謝謝」。

幫我保住一天的收入

那次發生在一個十字路口，我正準備去送餐，因為客戶地址是在馬路對面的巷子裡，左看右看沒有看到警察，就來個完美的紅燈迴轉。沒想到就在我迴轉的當下，一個騎著摩托車的警察也完美的從另一個方向轉過來，我成了違規現行犯。

看到警察揮手示意我靠邊停車，我毫不猶豫乖乖聽話，而且做好了被開單的準備。

「駕照行照麻煩。」警察說出固定臺詞後又接一句：「你知道你這樣迴轉很危險嗎？」然後他瞄見我機車上的外送箱，突然問：「你是要去送餐還是取餐？」沒想到警察這麼了解外送員的作業流程。我說：「駕照在這，行照在車廂裡。我知道，我要去送餐。」警察停下寫罰單的手，冷冷丟下一句：「下次不要再這樣，不要再投機取巧，你可以離開了。」

有個夥伴也遇到類似的狀況，跑單一天已經精疲力盡，就在快到家之前違規被攔了下來，警察氣勢洶洶的劈頭就罵：「最討厭你們這些外送的亂違規，還跑給我們追！」但下一句卻是開始關心他跑了多少單，有沒有賺到兩千塊。夥伴老實回答跑了二十幾單，有一千多元，警察一邊嘴裡說著：「你看！這樣今天都白跑了。」一邊揮揮手叫他趕快回去休息。

保住最重要生財工具

警察對外送員的照顧，不只是能體諒我們搶時間而已，更重要的是還會幫我們顧好生財工具——機車。

有夥伴分享，他有次急著送餐，停好車後忘了拔起車鑰匙，提起餐點就走，等他回來時，就看到一個警察在他的機車旁邊，拿著鑰匙大喊：「這是誰的車！」另一個同樣忘記拔走車鑰匙的夥伴，則是從店家取餐出來，準備騎車時發現鑰匙不見，把他嚇得愣住好一會兒，才看到巡邏員警留下的字條：「你忘了拔走鑰匙，我已帶回派出所代為保管，請至〇〇派出所領取。」

或許外送員看到警察都會閃遠遠的，深怕被開罰單，但有時候，我們沒注意到的小地方，反而是這些人民保母幫我們照顧到了。對於警察，我向來抱持著不好也不壞的態度，他們畢竟是執法人員，而我們若是為了搶一點時間違規被逮到，也只能摸摸鼻子自認倒楣，不能怪他們太公事公辦，誰叫我們違規在先呢。

外送兼檢舉，同行也不放過

會有好心體諒我們的警察，也有會檢舉同行的外送員。有不少外送員藉由每天在外跑的機會，兼職檢舉達人，沿路發現違規就立刻拍照，一個月的外送收入加上檢舉獎金，比我們只跑單的人多得多。

我曾經收過一張罰單，違規照片的畫面整個是歪的，看起來很像是偷拍。我認出被拍到的地點，當時正在等著取餐，附近還有另一個外送員也在等餐點，我非常懷疑檢舉的人就是他。因為我把機車停在人行道，而他是停在黃線上，大概是覺得我把機車騎上人行道太囂張，檢舉違規還有錢拿，就不要浪費機會。

本以為兩個外送員各取各的餐相安無事，結果竟然被檢舉，收了一張罰單，可想而知當天是做白工。雖然我違規把機車騎上人行道是事實，但竟然是被夥伴檢舉，完全讓我料想不到。

當訂單爆滿、店家拖餐的時候，也會有外送員不顧職業道德，「偷」了再說。我曾經聽過，有外送員因為自己那張單的餐點遲遲做不出來，就偷拿其他夥伴的餐點，假裝是自己的，結果導致出餐順序大亂，害到店家，也害到其他外送員。說真的，這樣急著亂送餐，就算及時送達了，也不是客戶的餐點，結果收負評的還是外送員自己，根本得不償失。

以前總認為，在路上跑的職業，像是計程車、貨運、快遞這些，一定都跟警察是死對頭，同行之間才會互相幫助，但凡事沒有絕對，也有不少善解人意的警察，和自私自利的同行夥伴，會碰到哪一種，也都要看運氣，遇到好心警察我衷心感謝，碰上自私同行，就自認倒楣吧。

TIPS

● 外送心聲

很多人會說：「都是為了生活而出來跑外送，本來應該互相照顧、互相鼓勵。」現在知道這都是好聽的話，利益當前，或許還是要互相廝殺才是生存之道？

12

外送員也是最美的風景

外送員天天在路上跑，很常發現馬路上有需要幫忙的狀況，尤其是一些獨自外出的老人家，如果看到他們因為走得慢而出現驚險時刻，附近的外送員都會盡量伸手相救。有夥伴就因為眼看綠燈只剩下八秒，有個老先生還在馬路中央，一定來不及過完馬路，就跑去一肩扛起對方直衝對面人行道，善心和行為都帥爆。

最簡單的支援

我也會在送餐的途中停下來，先陪老人家過馬路，但我力氣不夠，無法扛人，只能很普通的拉著對方一起走。

那次是一個十字路口，我還沒騎到路口，就看見一個行動非常緩慢的阿伯正在過馬路。當時阿伯那個方向的行人燈號是紅燈，但他似乎沒有看到，已經走到車道上，一部接一部的汽車、機車從他身旁呼嘯而過，還有人對阿伯按喇叭，景象嚇死人，我顧不得送餐，先救人要緊。

右轉方向燈打下去，我盡快把機車往右邊路旁靠，就算停在紅線上被開單也認了，確保餐點安全之後，小跑步去把阿伯拉回人行道。阿伯一開始還以為我要對他不利，硬要走回車道上，又再被我拉回來，告訴他：「等綠燈我再帶你走，你現在出去會（撞）不見啦。」

陪阿伯等到綠燈過完馬路後，我準備回去繼續送餐，沒想到他拉住我比著對面，「@#%&*」的說了一通，搞了半天才弄懂，原來他還要再過另一個路口。真是好在我有陪他再過第二個馬路，因為那個路口有視線死角，汽車駕駛很難看到過馬路的行人，阿伯又動作慢，不敢想像他一個人走會出什麼事。把阿伯安全送到目的地後，他又是一串「%@&*#$」，我還是聽不懂，算了，只要阿伯安全就好，我要趕快去送餐了。

舉手之勞的小事

這種舉手之勞的小事我做過很多，有次無意間看到一個中年男子跟一名婦人，兩人合力推著板車想爬上一個斜坡，我看兩個人推了很久，都沒有前進移動的感覺，反正剛好是接單空檔，就停車過去幫忙推車。

不推不知道，一推才知道那輛板車有夠重，我在板車下方推，那兩人在板車的兩邊推，但我嚴重懷疑只有我在出力，他們只是在旁邊扶著板車而已，因為我一鬆手，整輛板車就往後滑，讓我一點休息喘氣的機會都沒有，很後悔沒先把安全帽拿下來再去幫忙。好險最後還是有推到斜坡最上面，但是那天後來送餐要爬樓梯時，兩條大腿都一直抖個不停，超痛苦！

還有一次，是在馬路中間撿到一支螢幕破碎但還可以接聽的手機，當時我才剛上線接單，準備好好拚一下晚餐時段的單，就決定下班後再把手機拿去警察局，結果騎到半路就聽到手機在我的包包唱歌，是手機的主人打來的。

「你撿到我的手機，還能接嗎？手機有沒有怎樣？我是掉在哪裡？」對方一串問句讓我忍不住嘀咕：不能接的話我是在跟誰說話？我告訴對方手機的螢幕全裂，和撿到手機的地點，然後跟對方約定我會送去警察局，請她再去領回就好。我偷偷點開螢幕，期望看到手機主人是個正妹，結果出現一隻貓咪，可惜。

忍不住就是想幫的人

需要幫助的人，不只是馬路上的路人，也會是我們的客戶，他們可能是走路很慢、動作很慢，也可能已經臥病在床，連起身開門拿餐都有困難。遇到這樣的客戶，平常再計較爬樓梯又花時間、又花體力的外送員，都會心甘情願的把餐點送上樓。有夥伴接到這樣的客戶訂單，他不只把餐點拿進屋內，還幫忙把餐點打開，把餐具放在老人的手上，扶著老人坐好，看對方可以順利的吃飯，才放心離去，時間什麼的已經不重要。

也有夥伴幫忙社福單位外送餐點給獨居老人，遇到寂寞想找人聊天的「老」客戶，對方每次拿餐時都要趁機閒話家常一下，夥伴也很配合的陪著聊天。聊了幾次之後，老人感覺和外送員很投緣，有點把他當自己孩子看待，原本沉悶的情緒也開始變得有活力。

還有一個是兩位外送夥伴合力幫助一位阿嬤的例子。其中一位夥伴在送餐時遇到這位阿嬤，他看阿嬤一個人住，又有點行動不便，也不知道有外送餐點這種事情，就幫阿嬤訂了餐，還特別傳訊息給接單的夥伴，說明阿嬤的處境。第二位外送員送餐過來後，也沒有馬上離開，而是幫忙找了政府的長輩送餐服務電話給阿嬤，希望後續會有其他人繼續照顧她。

遇到狀況時，其實大部分的夥伴不會多想，都是直覺的上前幫忙，只為了希望這個社會可以溫暖一點，那些事後的感謝或報導，夥伴自己大概也根本沒有注意到。現在經常可以看到很多綠色箱子、粉紅色衣服在路上穿梭，我們的顏色可能有點突兀刺眼，但希望我們也可以是臺灣最美的風景。

TIPS

● 外送心聲

看到無助的老人家，就會想到自己的爸媽，然後就會忍不住想幫助，這時候賺錢接單什麼的都不重要了。或許我能幫的只是這一次，但至少那是我可以做到的事，就夠了。

結語

騎了這麼多里程，離夢想近一點了嗎？

很多夥伴一直抱怨外送工作的薪水好低、訂單好少、商品好重、客戶好討厭、顧路好無聊……卻還是一直緊抱著這個工作不放，不去另找其他工作，為什麼？除了大家都已經知道的「自由」，還有一個大家可能沒有想到的，就是不用維繫人際關係。

我很慢熟，淡淡的人際關係很剛好

我們都是各自跑單、獨立作業，偶爾遇到訂單項目太多，店家會把單拆開，才會有兩位以上的外送員一起送，否則幾乎沒有團隊合作的時候。既然團隊合作的機會較少，那發生小團體、說八卦、勾心鬥角的情況也少得多，人際關係變得不重要，對於內向、不擅長交際、邊緣型的人來說，外送就是一份很適合的行業。

不過雖然外送員沒有什麼人際問題，整天跑單可能只會跟店家說：「○○號取餐。」跟客戶說：「外送到了。」感覺有點自閉，但不表示外送就是個封閉的世界。偶爾遇到相同頻率的店家、客戶，大家也是會多聊幾句，而且因為彼此沒有利害關係，隨便瞎聊沒有心機成分，輕鬆愉快之餘，也會感覺封閉的心被救贖了。

有段時間我很常接到某家麥當勞的訂單，因為常常去，不知不覺也跟一些店員變熟，會互相開玩笑：「你怎麼又來了，我怎麼又看到你。」我回：「我知道你愛慕我，不好意思說，所以只好用行動表示。」或是店員假裝嗆聲：「你的餐點還沒好，就算好了我也不想給你。」我就配合演回去：「那你就自己送囉！我要按配送完成，不理你了！」然後店員翻個白眼繼續他手上的工作，我也轉頭去找我該取的餐點。這種對話很無聊、沒營養，但對於一直騎車、腦子已經騎到一片空白的我們來說，卻很療癒。

其實外送員會一直接到同一個店家的訂單機率很低，跟店家真正混熟並不容易，以我來說，跑外送三年多來，除了前面提到的那家麥當勞，真正從店家成為朋友的可以說是沒有，因為我的個性很慢熟，但是這樣很剛好。

外送像是人生中的休息站

剛開始寫這本書的時候被問到，為什麼做外送？我就在臉書社團裡發問：「身為外送員，對自己的人生目標或夢想，有什麼實質的幫助嗎？」結果收到五十二則留言、四十個讚，我超高興的。這些留言的夥伴裡，有的人是被公司裁員，但生活要過、小孩要養，聽說外送很好賺，就來跑跑看；有的人是因為疫情影響到原本工作，所以邊跑外送邊等待疫情過去；也有人是為了還學貸、房貸，想要終結「負二代」的日子；還有人是想存錢開小吃攤。

表面上來看，做外送就是為了賺錢，當時我也很直覺的這麼認為，但是再仔細想想，很多夥伴其實都有一個目標在賺錢的後面，像是要回到原本的工作、買房、開店、投資……而我的目標是再把阿嬤的小吃店開起來，和考取潛水教練的執照。外送像是我們人生的一個插曲，或是休息站，在公路上跑累了、沒油了，所以過來休息一下，儲蓄精力，然後再朝著自己的目標前進。

外送員需要保障和善待

最後，也是外送員一分子的我，想建議各家外送公司可以酌情提高薪資，並且以雇傭制員工來看待外送員，提供必要的保障（像是保險）。外送工作的風險真的很高，收入又很微薄，許多夥伴卻是靠它「生存」，讓一家大小能夠吃飽。坐在辦公室裡的長官們，或許不知道在外面跑單的人，在用多辛苦的方式求生存，但畢竟員工就是公司最重要的資產，真心希望每家公司的老闆都能善待、珍惜。

感謝大家耐心的看到這裡，這些故事都只是外送生活的九牛一毛而已。我是昱樹，在夜晚出沒在大家身邊、拒絕妖單的外送員，外送時間三年十個月，外送趟數六千六百零二趟，評價目前九八%，希望我寫的故事，能讓大家更了解外送員的世界。

國家圖書館出版品預行編目（CIP）資料

兩輪江湖的真相：你的美食正在路上，我的人生也在前進，為了更快達成夢想，外送員是我必須繞的路。／林昱樹著. -- 初版. -- 臺北市：任性出版有限公司，2022.08
240面；14.8×21公分. --（issue：43）
ISBN 978-626-96088-5-0（平裝）

1. CST：外送服務業　2. CST：通俗作品

489.1　　111007779

issue 043

兩輪江湖的真相

你的美食正在路上，我的人生也在前進，為了更快達成夢想，外送員是我必須繞的路。

作　　者／林昱樹
照片協力／李明憲、蔡穎農
攝　　影／蕭維剛
責任編輯／宋方儀
校對編輯／蕭麗娟
美術編輯／林彥君
副總編輯／顏惠君
總 編 輯／吳依瑋
發 行 人／徐仲秋
會計助理／李秀娟
會　　計／許鳳雪
版權經理／郝麗珍
行銷企劃／徐千晴
業務助理／李秀蕙
業務專員／馬絮盈、留婉茹
業務經理／林裕安
總 經 理／陳絜吾

出版者／任性出版有限公司
營運統籌／大是文化有限公司
臺北市 100 衡陽路 7 號 8 樓
編輯部電話：（02）23757911
購書相關諮詢請洽：（02）23757911 分機 122
24小時讀者服務傳真：（02）23756999
讀者服務E-mail：haom@ms28.hinet.net
郵政劃撥帳號／19983366　戶名／大是文化有限公司

法律顧問／永然聯合法律事務所
香港發行／豐達出版發行有限公司 Rich Publishing & Distribution Ltd
地址：香港柴灣永泰道 70 號柴灣工業城第 2 期 1805 室
Unit 1805, Ph.2, Chai Wan Ind City, 70 Wing Tai Rd, Chai Wan, Hong Kong
電話：21726513　傳真：21724355
E-mail：cary@subseasy.com.hk

封面設計／林雯瑛　　內頁排版／江慧雯
印刷／緯峰印刷股份有限公司

出版日期／2022 年 8 月初版
定　　價／新臺幣 360 元（缺頁或裝訂錯誤的書，請寄回更換）
I S B N／978-626-96088-5-0
電子書ISBN／9786269608867（PDF）
9786269608874（EPUB）

Printed in Taiwan